LA
MPOSITION SCIENTIFIQUE

DU BACCALAURÉAT CLASSIQUE, LETTRES-PHILOSOPHIE

RECUEIL

DE TOUTES LES

COMPOSITIONS SCIENTIFIQUES

DONNÉES A LA SORBONNE
AUX EXAMENS DE LA SECONDE PARTIE DU BACCALAURÉAT (PHILOSOPHIE)
DE 1882 A 1897

CLASSÉES DANS L'ORDRE DU PROGRAMME DE 1890

AVEC LES SOLUTIONS DES PROBLÈMES, LES PLANS OU DÉVELOPPEMENTS
DES QUESTIONS DE COURS

PAR

M. DHYVERS
Licencié ès sciences
Préparateur au baccalauréat

SUIVIES DES TEXTES DES COMPOSITIONS SCIENTIFIQUES
DONNÉES DE 1888 A 1897
DANS TOUTES LES FACULTÉS DES DÉPARTEMENTS

HUITIÈME ÉDITI

PARIS
LIBRAIRIE CROVILLE-MORANT
20, rue de la Sorbonne (en face de la Sorbonne)

1897

LA COMPOSITION SCIENTIFIQUE

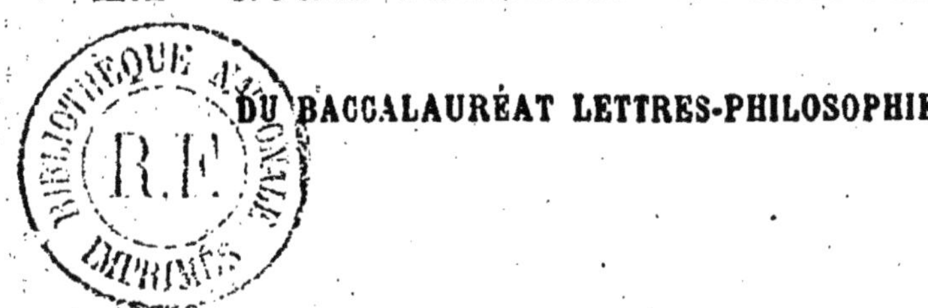

DU BACCALAURÉAT LETTRES-PHILOSOPHIE

LA

COMPOSITION SCIENTIFIQUE

DU BACCALAURÉAT CLASSIQUE, LETTRES-PHILOSOPHIE

RECUEIL

DE TOUTES LES

COMPOSITIONS SCIENTIFIQUES

DONNÉES A LA SORBONNE
AUX EXAMENS DE LA SECONDE PARTIE DU BACCALAURÉAT (PHILOSOPHIE)
DE 1882 A 1897

CLASSÉES DANS L'ORDRE DU PROGRAMME DE 1890

AVEC LES SOLUTIONS DES PROBLÈMES, LES PLANS OU DÉVELOPPEMENTS
DES QUESTIONS DE COURS

PAR

M. DHYVERS
Licencié ès sciences
Préparateur au baccalauréat

SUIVIES DES TEXTES DES COMPOSITIONS SCIENTIFIQUES
DONNÉES DE 1888 A 1897
DANS TOUTES LES FACULTÉS DES DÉPARTEMENTS

HUITIÈME ÉDITION

PARIS
LIBRAIRIE CROVILLE-MORANT
20, rue de la Sorbonne (en face de la Sorbonne)

1897

A LA MÊME LIBRAIRIE

AVERTISSEMENT

La composition scientifique de la seconde partie du Baccalauréat *Lettres-Philosophie*, supprimée à partir de la session de juillet 1891 (sauf pour les candidats de l'ancien régime), a été rétablie par un décret du 31 juillet 1896. Les candidats doivent, en outre de la dissertation sur un sujet de philosophie, faire : « *une composition portant, au choix des candidats, soit sur les mathématiques, soit sur les sciences physiques et naturelles. Les sujets de la composition scientifique sont exclusivement des questions de cours* ». L'arrêté ministériel du 31 juillet attribue le coefficient 1 à cette épreuve, ce qui porte à 30 points le minimum exigible pour l'admissibilité ; un autre arrêté ministériel du 15 octobre 1896 fixe à 2 heures la durée de la composition.

En sorte que, sauf la faculté de choisir entre deux catégories de sujets, les candidats se trouveront placés dans les mêmes conditions qu'autrefois, c'est-à-dire avant l'application du régime institué par le décret du 8 août 1890.

D'autre part, le programme de mathématiques n'a été modifié que par l'adjonction de la cosmographie ; celui des sciences physiques et naturelles est resté le même. Il en résulte donc que les sujets de composition seront sensiblement les mêmes à l'avenir que ceux qui ont été proposés sous les régimes de 1882 et 1885, puisque les programmes n'ont pas été modifiés et que le nombre des questions dont on puisse faire le sujet d'une composition écrite est limité.

Un recueil contenant toutes les questions posées tant à la Sorbonne que dans les Facultés des Départements serait sans conteste la plus sûre méthode de préparation : les professeurs y trouveraient le meilleur choix de sujets de compositions, les élèves un moyen facile de s'assurer qu'ils ont suffisamment étudié leur cours pour répondre à toutes les questions qui peuvent leur être demandées : *c'est ce Recueil que nous venons leur offrir.*

Il n'y aura plus, dira-t-on, de problèmes ; c'est vrai. Mais qu'on veuille bien remarquer que les problèmes donnés autrefois, et que nous avons cru devoir maintenir dans ce recueil, ne sont que des applications directes de la question de cours et qu'ils sont presque indispensables à la démonstration. Il est bien difficile de faire la théorie de l'extraction de la racine carrée d'un nombre sans prendre une application soit numérique, soit littérale. De même pour les questions de plus grand commun diviseur ou de plus petit commun multiple, de même aussi pour la méthode de résolution des équations algébriques du premier degré à plusieurs inconnues, pour la résolution des équations du second degré, etc. En géométrie, les exercices du deuxième livre font partie intégrante du cours, de même que ceux du quatrième livre, etc. — L'examinateur a le droit de choisir la donnée à laquelle on doit appliquer la théorie et cela pour deux raisons : d'abord ce choix lui permet de s'assurer que les candidats ont compris la théorie et ne transcrivent pas une leçon apprise de mémoire, ensuite, une application uniforme évite la vérification de calculs différents pour chaque copie et abrège la correction.

C'est ce qui nous a engagé à reprendre la publication de l'ouvrage de M. *Dhyvers* sur ces questions (*Sorbonne Philosophique ; partie scientifique*) dont l'application du programme de 1890 nous avait fait cesser la réimpression, en le complétant, et en le modifiant.

Sous sa nouvelle forme, *la Composition Scientifique* du Baccalauréat contient *toutes* les compositions données à la Sorbonne depuis 1882 jusqu'en 1897 avec les solutions, plans ou développements de ces questions ; les compositions données dans *toutes les Facultés de France* depuis 1888 jusqu'à ce jour en tout *onze cents* énoncés. On peut dire sans témérité qu'on trouvera dans ce Recueil toutes les questions qu'il est possible de demander à l'examen. Elles ont été classées par ordre de matières et d'après les subdivisions du programme, de sorte qu'il soit facile à chaque élève de s'assurer s'il est capable de traiter les questions qui peuvent lui être posées sur chacune des parties du cours.

Les sept éditions de cet ouvrage écoulées en quelques années ont montré qu'il était d'une réelle utilité pour les candidats ; nous espérons que cette huitième édition, très augmentée, recevra du public auquel elle est destinée le même accueil favorable.

— Renseignements divers

L'ouvrage est divisé en trois parties : la première partie comprend les énoncés des compositions données à la Sorbonne, de 1882 à ce jour, sur toutes les parties du programme ; chaque composition porte un numéro d'ordre qui correspond au même numéro de la seconde partie ; quand ce chiffre est suivi d'un astérisque (*), cela indique que la composition a été donnée plusieurs fois.

La seconde partie se compose des solutions, plans ou développements des sujets de la première partie, c'est-à-dire des sujets donnés en Sorbonne. Nous n'avons pas répété les énoncés, les numéros d'ordre placés en avant de chaque solution correspondent à celui de l'énoncé dans la première partie.

Enfin, la troisième partie renferme les sujets proposés dans *toutes les Facultés de France* depuis 1888. Ils ont été rangés par ordre de Faculté pour conserver à chacune d'elles sa physionomie propre, mais dans chaque Faculté ils ont été classés d'après les divisions du programme, ce qui permettra de se rendre facilement compte de toutes les questions posées sur une partie quelconque du cours. La solution de ces questions aurait démesurément grossi le volume sans utilité, attendu que la plupart, les plus importantes surtout, sont traitées dans la seconde partie.

LA COMPOSITION SCIENTIFIQUE
DU BACCALAURÉAT CLASSIQUE
(LETTRES-PHILOSOPHIE)

I

ÉNONCÉS
DES COMPOSITIONS SCIENTIFIQUES

DONNÉES A LA SORBONNE AU SECOND EXAMEN DU BACCALAURÉAT ÈS LETTRES (Lettres-Philosophie) DE 1882 A 1897.

ARITHMÉTIQUE

Plus grand commun diviseur. — Nombres premiers. Plus petit commun multiple.

1°. — Plus grand commun diviseur de deux nombres. On fera la théorie en prenant pour exemple 2310 et 1430.

2. — Trouver le plus grand commun diviseur des deux nombres 8436 et 3648.

3. — Tout nombre qui en divise deux autres divise aussi leur plus grand commun diviseur.

4. — Décomposer le nombre 9999 en facteurs premiers.

5. — Décomposer en facteurs premiers le nombre 111111.

6. — Etant donnés les trois nombres 1800, 1440, 2520, déterminer leur plus grand commun diviseur, leur plus petit commun multiple et le quotient de la division de ce dernier par chacun des nombres proposés.

7. — Plus grand commun diviseur et plus petit commun multiple.

8. — Plus petit commun multiple de 525 et de 1545.

Fractions ordinaires

9. — Réduire à sa plus simple expression la fraction $\frac{420}{5400}$.

10. — Réduire à sa plus simple expression la fraction $\frac{598}{1058}$.

11. — Expliquer la réduction de plusieurs fractions au plus petit dénominateur commun.

On appliquera la règle aux fractions

$$\frac{5}{12}\ \frac{7}{16}\ \frac{13}{60}\ \frac{17}{72}.$$

12. — Des deux sommes $\frac{1}{9}+\frac{1}{10}+\frac{1}{11}$; $\frac{1}{8}+\frac{1}{12}+\frac{1}{14}$, quelle est la plus grande ?

13. — Expliquer la multiplication des fractions ordinaires.

14. — Expliquer la division des fractions ordinaires.

Fractions décimales.

15. — Exposer et expliquer les règles de division des fractions ordinaires et des nombres décimaux.

16. — Condition nécessaire et suffisante pour qu'une fraction ordinaire puisse être réduite exactement en fraction décimale. Application aux fractions

$$\frac{39}{65},\ \frac{51}{68}.$$

17. — Convertir en fraction décimale la fraction ordinaire $\frac{15}{33}$.

18. — Réduire $\frac{22}{7}$ en fraction décimale. Indiquer à quel moment de l'opération il faut s'arrêter et pourquoi.

19. — Etant donnée la fraction périodique simple 0,123 123 123... trouver la fraction ordinaire génératrice.

20. — Trouver la fraction ordinaire génératrice de la fraction décimale périodique 0,3737...

21. — Trouver la fraction ordinaire génératrice de la fraction 0,3 272727...

22. — Etant donnée une fraction décimale périodique mixte 0,37 777... trouver la fraction ordinaire génératrice.

Racine carrée.

23. — Racine carrée à une unité près du nombre 2825. Expliquer la théorie sur cet exemple.

24. — Théorie de la racine carrée (sur l'exemple 4521).

25. — Racine carrée à une unité près du nombre 3611.

26. — Extraire à une unité près la racine carrée du nombre 325.

27. — Extraire la racine carrée du nombre 3525.

Rapports et proportions.

28. — Partager le nombre 1236 en parties proportionnelles aux nombres 1, 2 et 3.

29. — Partager 2 345 en trois parties proportionnelles aux nombres 3, 4 et 5.

30. — Partager le nombre 524 en cinq parties proportionnelles à 2, 3, 5, 7, 9.

ALGÈBRE

Équations du premier degré.

31. — Résoudre l'équation $\frac{x}{2}+\frac{x}{3}=x-7$.

32. — Résoudre l'équation $\frac{x}{2} - \frac{x}{3} = \frac{x}{4} - 1.$

33. — Résoudre le système

$$x + 2y = 3. \qquad (1)$$
$$2x + y = 7. \qquad (2)$$

34. — Résoudre le système

$$2x + 3y = 5. \qquad (1)$$
$$8x - 4y = 5. \qquad (2)$$

35*. — Résoudre le système d'équations

$$\frac{x}{3} + \frac{y}{5} = 8. \qquad (1)$$
$$\frac{x}{9} - \frac{y}{10} = 1. \qquad (2)$$

36. — Résoudre le système d'équations

$$\frac{x}{9} + \frac{y}{8} = 43. \qquad (1)$$
$$\frac{x}{8} + \frac{y}{9} = 42. \qquad (2)$$

37. — Résoudre le système

$$2x - y - z = a \qquad (1)$$
$$2y - x - z = b \qquad (2)$$
$$2z - x - y = c. \qquad (3)$$

38. — Résoudre le système

$$x + y - z = 8 \qquad (1)$$
$$y + z - x = 9 \qquad (2)$$
$$z + x - y = 10. \qquad (3)$$

39. — Résoudre les deux équations

$$4x + y = 5\,(a + b)$$
$$8x - 5y = 21\,a - 2b$$

et trouver les valeurs de x et y pour $a = 1$ et $b = 10$.

40. — La somme des mises de deux associés est de 162.000 francs, et la différence de ces mises est 18.000 francs. — Le bénéfice est de 40.000 francs. Quelle est la part de chaque associé ?

41. — Trouver deux nombres x, y, sachant que leur plus grand commun diviseur est 12 et que leur rapport est $\frac{39}{52}$.

Équations du second degré.

42. — Résoudre le système

$$x + y = 9 \qquad (1)$$
$$xy = 36 \qquad (2)$$

43. — Résoudre l'équation : $x^2 + 3x + 2 = 0$.
44. — Résoudre l'équation : $x^2 + 70x - 800 = 0$.
45. — Résoudre l'équation : $x^2 - 18x + 32 = 0$.
46. — Résoudre l'équation : $x^2 + x = a^2 + 3a + 2$.
47. — Résoudre l'équation : $x^2 - 1,75x + 0,625 = 0$.
48. — Résoudre l'équation : $3x^2 - 12x + 1 = 6x - 23$.
49. — Résoudre l'équation :

$$\frac{x^2}{3} = 9 + \frac{x}{2}.$$

50*. — Trouver deux nombres connaissant leur produit — 12 et leur différence 7.

51. — Trouver deux nombres sachant que leur somme est 561 et leur produit 17918.

52. — Le périmètre d'un rectangle égale 8 décimètres. Sa surface est égale à 3 décimètres carrés. On demande de trouver les deux côtés.

GÉOMÉTRIE

Premier livre.

53. — Un quadrilatère dont les côtés opposés sont égaux est un parallélogramme.

54. — Un quadrilatère dont les diagonales se coupent mutuellement en parties égales est un parallélogramme.

55. — Un quadrilatère dans lequel deux des côtés opposés sont à la fois égaux et parallèles (sans qu'on sache rien sur les deux autres côtés opposés) est un parallélogramme.

Deuxième livre.

56. — Démontrer le théorème suivant : Dans un même cercle ou dans des cercles égaux : 1° deux angles au centre égaux interceptent des arcs égaux ; 2° deux angles au centre inégaux interceptent des arcs inégaux, et le plus grand angle intercepte le plus grand arc.

57. — Mesure de l'angle inscrit dans une circonférence.

58. — Lieu des sommets des angles droits dont les côtés passent par deux points fixes.

59. — Mener, à l'aide de la règle et du compas, par un point donné, une parallèle à une direction donnée.

60*. — Mener par un point donné une tangente à un cercle donné.

61*. — Par un point extérieur mener une tangente à une circonférence.

62. — Mener une tangente à une circonférence par un point extérieur. Calculer la longueur de la tangente jusqu'au point de contact en supposant le rayon de la circonférence de $3^{m}.50$ et la distance du point au centre de $9^{m},10$.

63*. — Mener à un cercle une tangente parallèle à une droite donnée.

64. — Tangentes communes à deux circonférences ; leur construction.

65*. — Construction des tangentes communes à deux cercles : 1° des tangentes extérieures ; 2° des tangentes intérieures.

66*. — Construire les tangentes communes à deux cercles qui se coupent.

Troisième livre.

67*. — La bissectrice d'un angle d'un triangle partage le

côté opposé en deux segments proportionnels aux côtés adjacents.

68. — Cas de similitude des triangles.

69. — Deux triangles sont semblables lorsqu'ils ont un angle égal compris entre deux côtés proportionnels.

70*. — Deux triangles sont semblables lorsqu'ils ont leurs côtés proportionnels.

71. — Deux triangles sont semblables lorsqu'ils ont les côtés parallèles ou perpendiculaires.

72. — Théorème relatif aux sécantes dans le cercle.

73*. — D'un point extérieur A on mène une tangente AB à un cercle donné, et une sécante quelconque ACD. Prouver que AB est moyenne proportionnelle entre AC et AD.

74. — La tangente menée d'un point à un cercle est moyenne proportionnelle entre la sécante entière et la partie extérieure.

75. — Dans un triangle rectangle un côté de l'angle droit est moyen proportionnel entre l'hypoténuse entière et sa projection sur l'hypoténuse.

76. — Démontrer que dans un triangle rectangle la perpendiculaire abaissée du sommet de l'angle droit est moyenne proportionnelle entre les deux segments qu'elle détermine sur l'hypoténuse.

77*. — Dans un triangle, le carré du côté opposé à un angle aigu est égal à la somme des carrés des deux autres côtés moins deux fois le produit de l'un de ces côtés par la projection de l'autre sur lui.

78. — Le carré du côté opposé à un angle obtus est égal à la somme des carrés des deux autres côtés augmentée du double produit de l'un de ces côtés par la projection de l'autre sur lui.

79. — Construire la moyenne proportionnelle entre deux longueurs données. Calculer la moyenne lorsque les longueurs sont $\frac{2}{3}$ de mètre et $\frac{8}{75}$ de mètre.

80. — On donne deux triangles rectangles OAB et OA'B'

construits sur le même angle droit O. Les segments déterminés sur les deux côtés de l'angle droit ont pour valeur respective

$$OB = 2a, OA' = 6a, \text{ avec } OB' = 2a, OA = 6a.$$

On demande de calculer les distances du point M intersection des deux hypoténuses aux deux côtés de l'angle droit (*voir la figure aux solutions*).

Quatrième livre.

81. — Mesure des aires ; rectangle, parallélogramme, triangle, trapèze.

82. — Un trapèze étant donné, déterminer sa surface. Démonstration.

83. — Les deux côtés parallèles d'un trapèze ont pour valeur 10 mètres et 16 mètres. Les deux autres côtés, également inclinés sur les bases, ont pour valeur 5 mètres. Trouver la surface du trapèze.

84. — Un terrain a la forme d'un trapèze isocèle dont les bases sont égales à 100 mètres et à 40 mètres et le côté égal à 50 mètres. On demande de calculer en ares la surface de ce terrain.

85. — Enoncer et démontrer le théorème concernant le rapport des surfaces de deux polygones semblables.

86. — Démontrer que le rapport des aires de deux polygones semblables est le même que celui des carrés des côtés homologues.

87. — Démontrer que le rapport des aires de deux triangles semblables est égal au rapport des carrés de deux côtés homologues.

88*. — Démontrer que les surfaces de deux triangles semblables sont entre elles comme les carrés des côtés homologues.

89. — Le côté d'un triangle est égal à 52 mètres. Calculer le côté homologue d'un second triangle semblable au premier et dont la surface est moitié de celle du premier triangle.

90. — Construire un triangle équivalent à un quadrilatère donné.

91. — Transformer le polygone ABCDE en un triangle équivalent et trouver le côté du carré équivalent à ce triangle.

92. — Etant donné un rectangle, construire un rectangle semblable dont la surface soit les $\frac{4}{9}$ de la surface du premier rectangle.

93. — Diverses expressions de la surface d'un trapèze. Calculer la surface d'un trapèze inscrit dans une circonférence de 6 m. de rayon, sachant que l'une des bases est un diamètre et que l'autre base est le côté du carré inscrit.

94. — Calculer le côté du triangle équilatéral inscrit dans un cercle dont le rayon est égal à 2 mètres.

95'. — Trouver la surface de l'hexagone régulier inscrit dans le cercle dont le rayon est égal à 1 décimètre.

96. — Calculer la surface d'un hexagone régulier inscrit dans un cercle de rayon égal à 1 mètre.

97'. — Trouver le côté de l'hexagone régulier circonscrit à un cercle de rayon R.

Trouver aussi la surface de cet hexagone et son rapport à celle de l'hexagone régulier inscrit dans le même cercle.

98. — Inscrire dans un cercle donné un octogone régulier; et valeur du côté du carré inscrit dans un cercle dont le rayon est de 1 mètre.

99. — Calculer le rayon de l'octogone régulier inscrit dans une circonférence de rayon égal à 2 mètres.

100. — Longueur de l'arc de 30 degrés dans le cercle de rayon égal à 1.

101. — Calculer le côté du dodécagone régulier inscrit dans un cercle de rayon 1.

102. — Théorème relatif à l'aire d'un secteur circulaire.

103. — Aire d'un secteur circulaire. — Aire d'un segment.

Cinquième livre.

104. — Si une droite rencontrant un plan est perpendiculaire à deux droites qui passent par son pied dans le plan, elle est perpendiculaire au plan.

Sixième livre. — Polyèdres.

105. — Calculer le volume du tronc de pyramide triangulaire.

106. — Déterminer le volume d'une pyramide régulière ayant pour base un hexagone régulier dont le côté est égal 1 mètre ; la hauteur de la pyramide est égale à 3 mètres.

Septième livre. — Corps ronds.

107*. — La surface latérale d'un cylindre est de 300 centimètres carrés. Trouver le rayon de la base sachant que la hauteur du cylindre est double de ce rayon. On demande le rayon à 1 millimètre près.

108. — Définition du cône. Volume du cône dont on donne le rayon de base et la hauteur.

109. — Démontrer que toute section plane d'une sphère est une circonférence.

110. — Evaluer en hectares la surface d'une sphère dont le rayon serait de 127 mètres.

111. — Définition de la sphère. Trouver le rayon de la sphère dont la surface totale est égale à 1 hectare.

112. — Dans quel rapport sont les surfaces et les volumes de deux sphères de diamètres égaux respectivement à 2 mètres et à 3 mètres.

PHYSIQUE

Pesanteur.

113. — Lois de la chute des corps.

114. — Enoncer les lois de la chute des corps dans le vide.

115. — Lois de la chute des corps. Leur vérification expérimentale.

116. — Lois de la chute des corps. — Machine d'Atwood.

117. — Enoncer les lois du mouvement des corps pesants.

118. — Combien de temps met un corps pesant abandonné sans vitesse à descendre d'une hauteur de 100 mètres?

119. — A quelle hauteur s'élèvera une pierre lancée verticalement de bas en haut avec une vitesse de 10 mètres par seconde ?

Equilibre des liquides et des gaz.

120. — Définition du poids spécifique.

121*. — Principe d'Archimède.

122*. — Principe d'Archimède. — Détermination du poids spécifique d'un corps solide.

123*. — Principe d'Archimède. — Application à la détermination des poids spécifiques des corps solides et liquides.

124*. — Mesure de la densité des solides au moyen de la balance hydrostatique.

125. — Détermination du poids spécifique d'un corps solide avec l'aréomètre de Nicholson.

126. — Aréomètres à volume constant.

127*. — Mesure de la pression atmosphérique. Baromètre.

128*. — Description et usages du baromètre.

129. — Baromètre. Sa construction, son observation, ses usages.

130. — Loi de Mariotte.

131*. — Loi de Mariotte. — Vérification expérimentale.

132. — Loi de Mariotte pour les pressions inférieures et supérieures à une atmosphère.

133*. — Loi de Mariotte pour les pressions supérieures et inférieures à une atmosphère.

134*. — Machine pneumatique.

135. — Pompe aspirante.

136. — Expliquer l'ascension du liquide dans la pompe aspirante. — Si le liquide était du mercure, jusqu'à quelle hauteur pourrait se faire l'ascension?

Chaleur.

137*. — Thermomètre à mercure ; sa construction. — Détermination des points fixes.

138. — Thermomètres. — Détermination des points fixes.

139. — Comment établit-on les points fixes du thermomètre ?

140. — Déterminer les points fixes d'un thermomètre à mercure.

141. — Définir la chaleur spécifique d'un corps. — Principe de la méthode des mélanges.

142. — Fusion. — Lois de la fusion. — Définition de la chaleur latente de fusion.

143. — Formation des vapeurs dans le vide. — Détermination de la tension maximum de la vapeur d'eau à 0°.

144. — Etude de l'évaporation et de l'ébullition. — Indiquer en particulier l'influence de la pression sur la température d'ébullition.

145*. — L'ébullition.

Electricité. — Magnétisme.

146. — Développement d'électricité sur un corps métallique isolé que l'on met en présence d'un corps condensateur électrisé.

147*. — Electricité par influence. —Electroscopes.

148. — Electroscopes.

149*. — Electroscope à feuilles d'or.

150. — Electroscope à feuilles d'or et électroscope condensateur.

151. — Electrisation par influence. — Machine électrique.

152. — Quels sont les principes sur lesquels est fondée la machine électrique ? En décrire les parties essentielles.

153. — Machines électriques à plateau de verre.

154*. — Machines électriques.

155. — Condensation électrique. — Bouteille de Leyde. — Batteries.

156. — Paratonnerre.

157. — Pile de Volta. — Ses transformations.

158. — Pile de Volta. — Piles à deux liquides.

159*. — Pile de Bunsen. — Principaux effets du courant de la pile.

160*. — 1° Comment peut-on produire un courant électrique ? 2° Comment peut-on constater qu'un courant passe dans un circuit fermé ?

161. — Effets chimiques des courants électriques.

162. — Actions chimiques du courant électrique. — Galvanoplastie.

163. — Actions chimiques des courants. — Galvanoplastie, dorure et argenture.

164. — Effets chimiques des piles. — Galvanoplastie, argenture, dorure.

165*. — Expérience d'Œrsted. — Galvanomètre.

166. — Galvanomètre.

167. — Description et usages du galvanomètre.

168. — Action des courants et de la terre sur un solénoïde.

169. — Aimantation par les courants. — Electro-aimants. Principe du télégraphe électrique.

170*. — Principe de la télégraphie électrique.

171*. — Notions sur l'application de l'électricité à la télégraphie et aux sonneries électriques.

172. — Téléphone.

Acoustique.

173. — Du son. — Nature et propriétés.

174. — Vitesse du son dans l'air.

175. — Vitesse du son dans l'eau.

176. — Qualités du son : hauteur, intensité, timbre.

Optique.

177*. — Lois de la réflexion de la lumière. — Formation des images par les miroirs plans.

178. — Lois de la réflexion. — Miroirs plans.

179. — Réflexion de la lumière par les miroirs plans.

180. — Expliquer la formation des images dans les miroirs plans.

181. — Miroirs plans. — Formation des images.

182. — Lois de la réflexion de la lumière. Application à la construction des images formées par les miroirs concaves.

183*. — Propriétés des miroirs sphériques concaves.

184. — Théorie des miroirs sphériques concaves.

185. — Construire l'image d'une petite droite placée devant un miroir concave, perpendiculairement à son axe. Quelles positions faudrait-il donner à l'objet pour que l'image soit : 1° réelle, 2° virtuelle ?

186. — Réfraction ; ses lois. — Décomposition et recomposition de la lumière.

187*. — La loupe.

188*. — Décomposition et recomposition de la lumière solaire.

189. — Décomposition de la lumière par le prisme. — Raies du spectre solaire.

CHIMIE

190. — Composition et propriétés physiques de l'eau.

191. — Analyse et synthèse de l'eau.

192. — Propriétés chimiques de l'eau. — Synthèse eudiométrique.

193*. — Préparation de l'hydrogène.

194. — Préparation de l'oxygène.

195. — Oxygène. — Préparation. — Propriétés physiques et chimiques. — Combustion.

196. — L'oxygène, sa préparation. — Propriétés physiques. — Combustions vives et combustions lentes.

197. — Air atmosphérique au point de vue physique et chimique.

198*. — Composition de l'air atmosphérique.

199. — Composition de l'air. — Analyse de l'air en volumes.

200. — Préparation de l'azote.

201*. — Acide azotique.

202. — Préparation de l'acide azotique.

203*. — Ammoniaque.

204. — Ammoniaque. — Préparations ; propriétés.

205. — Lois des combinaisons en poids.

206. — Lois des combinaisons en poids et en volumes.

207. — Préparation du chlore.

208. — Acide chlorhydrique.

209. — Préparations et propriétés de l'acide chlorhydrique.

210. — Le soufre et l'acide sulfhydrique.

211. — Préparation de l'acide sulfhydrique.

212*. — Propriétés physiques et chimiques du phosphore.

213. — Modifications du phosphore ; préparation du phosphore blanc.

214. — Phosphore et combinaisons du phosphore avec l'oxygène.

215. — Carbone.

216. — Du charbon ; ses variétés. — Acide carbonique et oxyde de carbone.

217*. — Action de l'oxygène sur le carbone.

218. — Carbone et acide carbonique.

219. — Préparation de l'acide carbonique.

220*. — De l'acide carbonique ; sa préparation, ses propriétés physiques et chimiques.

221. — Acide carbonique ; préparation ; propriétés ; circonstances dans lesquelles il se produit.

222. — Principales propriétés des composés oxygénés du

carbone. — Dans quelles circonstances se forment-ils naturellement ?

223. – Préparation de l'oxyde de carbone et de l'acide carbonique.

224. — Préparation et propriétés de l'oxyde de carbone.

225. — Iode.

HISTOIRE NATURELLE

ANATOMIE ET PHYSIOLOGIE ANIMALES

Généralités.

226*. — Principaux caractères du type zoologique réalisé par tous les animaux vertébrés.

226 *bis*. — Principaux caractères du type zoologique réalisé par les oiseaux.

227. — Principaux caractères du type zoologique réalisé par les mollusques. Exemples : le poulpe, le colimaçon et l'huître.

Fonctions de nutrition.

228. — Appareil de la digestion chez l'homme.

229. — Structure de l'estomac chez l'homme. — Nature du travail digestif qui s'accomplit dans cet organe.

230. — La digestion chez les mammifères.

231. — De l'appareil digestif chez les vertébrés.

232. — De la digestion chez les vertébrés.

233. — Du sang. — Composition physique et chimique de ce liquide.

234. — Du rôle du cœur et des artères dans la circulation du sang chez l'homme.

235. — Appareil circulatoire et circulation dans les différents groupes du règne animal.

236. — Respiration. — Appareil respiratoire chez l'homme.

237. — Mécanisme de la respiration chez l'homme.

238. — De la respiration chez l'homme.

239. — La respiration.

240. — Organes de la respiration. — Phénomènes mécaniques : Inspiration. — Expiration ; cette fonction chez l'homme.

241. — Respiration chez les mammifères. — Phénomènes mécaniques et chimiques.

242. — De l'appareil respiratoire chez les vertébrés.

243. — Modes de respiration dans les principaux groupes zoologiques. Exemples : un mammifère, un oiseau, un insecte, un poisson.

244-259. — Respiration des animaux et des végétaux.

245. — De la chaleur animale. — Sa source.

246. — Le foie et ses fonctions chez l'homme.

Fonctions de relation.

247. — L'œil et la vision.

248. — Anatomie de l'œil. — Vision. — Accomodation.

249. — L'oreille, audition.

250. — Squelette de l'homme. — Modes d'articulation des os.

251. — Description sommaire du système nerveux chez l'homme.

252. — Structure et fonctions des nerfs de l'homme.

ANATOMIE ET PHYSIOLOGIE VÉGÉTALES

Nutrition.

253. — Caractères extérieurs de la racine.

254. — La tige.

255. — Modes d'accroissement de la tige chez les végétaux.

256. — Structure des feuilles.

257. — La feuille. — Sa structure et ses fonctions.

258. — Fonctions de la feuille.

259-244. — Respiration des animaux et des végétaux.

Reproduction.

260. — Parties constitutives de la fleur. — Leur origine.

261. — La fleur et les diverses parties qui la composent.

262. — La fleur. — Organes qu'elle comprend ; leur rôle et leur situation relative.

263. — Structure de l'étamine et du pollen.

264. — Description de la fleur d'une plante phanérogame. — Insister seulement sur les parties essentielles.

265. — Du fruit.

266. — De la graine.

II

SOLUTIONS, PLANS OU DÉVELOPPEMENTS

DES COMPOSITIONS DONNÉES A LA SORBONNE

ARITHMÉTIQUE

---

1. — On appelle *plus grand commun diviseur* de deux nombres le plus grand nombre par lequel ils soient divisibles.

Pour trouver ce p. g. c. d. on peut employer deux méthodes.

Première méthode

Soient les nombres 2310 et 1430. Le plus grand commun diviseur de 1430 est ce nombre lui-même et s'il divise 2310 il sera le p. g. c. d. cherché. J'essaie la division, elle donne pour quotient 1 et pour reste 880. Le nombre 1430 n'est donc pas le plus grand commun diviseur entre 2310 et 1340.

Mais tout nombre qui est commun diviseur au dividende et au diviseur d'une division est aussi commun diviseur au diviseur et au reste, et réciproquement, en vertu du théorème : *Tout nombre qui en divise deux autres divise le reste de leur division, etc.* (1).

1. En général nous supposerons démontrés tous les théorèmes que nous citerons puisque leur démonstration se trouve dans

En effet, le dividende étant égal au produit du diviseur par le quotient plus le reste, on a :

$$2310 = 1430 \times 1 + 880.$$

Un commun diviseur quelconque de 2310 et de 1430 divise 880 qui est égal à 2310—1430, et réciproquement tout diviseur commun de 1430 et de 880 divise 2310 qui est la somme de 1430+880. Il en résulte que 2310 et 1430 d'une part, 1430 et 880 de l'autre admettent les mêmes communs diviseurs et, par suite, le même p. g. c. d. On est donc conduit à diviser 1430 par 880. Le quotient est 1 et le reste 550. En vertu de la même démonstration le plus grand commun diviseur cherché est aussi le p. g. c. d. entre 880 et 550, et ainsi de suite jusqu'à ce que la division se fasse exactement. D'où la règle suivante :

Pour trouver le plus grand commun diviseur de deux nombres on divise le plus grand par le plus petit, ce dernier par le reste de la division, le premier reste par le second reste et ainsi de suite jusqu'à ce qu'on arrive à un reste nul ; le dernier diviseur est le p. g. c. d. cherché.

Voici comment on dispose l'opération.

	1	1	1	1	1	2
2310	1430	880	550	330	220	110
880	550	330	220	110	0	

Le p. g. c. d. cherché est 110.

Si les deux nombres dont on cherche le p. g. c. d. ne sont pas premiers entre eux, les divisions successives indiquées par la règle ci-dessus conduiront toujours à un reste nul, car les restes successifs vont en décroissant, puisque chacun d'eux est le reste d'une division dont le diviseur est le reste précédent. Comme ces restes sont tous entiers, leur nombre est limité, ainsi que le nombre des divisions ; on est donc assuré

tous les Cours de mathématiques, mais, à l'examen, les candidats feront bien de démontrer les théorèmes sur lesquels ils s'appuient. Pour ne pas interrompre la suite du raisonnement on pourra mettre cette démonstration en marge.

de trouver le reste zéro. Si dans la suite des divisions on obtient un reste qui soit premier avec le diviseur qui l'a fourni, on peut arrêter l'opération : les deux nombres proposés sont premiers entre eux.

Réduction du nombre des divisions : On ne change pas le p. g. c. d. de deux nombres en remplaçant l'un deux par leur somme ou leur différence. Car tout commun diviseur, et en particulier le p. g. c. d. des deux nombres 2310 et 1430 est commun diviseur de 1430 et (2310±1430) et réciproquement. Dans le cas présent, au lieu de chercher le p. g. c. d. entre 2310 et 1430, on cherche le p. g. c. d. entre 2310 et 1430—880=550, ou celui de 550 et 880—550=330, ou celui de 330 et 550—330=220, ou celui de 220 et 330—220=110. Il est visible que 110 est le plus grand commun diviseur et l'on peut faire l'opération de tête. En général, quand une division donne un reste supérieur à la moitié du diviseur qui l'a fourni, on prend pour diviseur de la division suivante la différence entre ce reste et ce diviseur.

Deuxième méthode.

Tout nombre non premier peut se décomposer en un produit de facteurs premiers. Or tout diviseur commun à deux nombres ne peut contenir d'autres facteurs premiers que ceux qui sont communs à ces deux nombres et chacun d'eux avec un exposant *au plus* égal au plus petit de ceux dont est affecté ce facteur commun dans les deux nombres. D'un autre côté, un nombre n'est décomposable en ses facteurs premiers que d'une seule manière.

Supposant ces théorèmes démontrés (*voir la note de la page* 19) nous en déduisons la règle pratique suivante :

Le plus grand commun diviseur de plusieurs nombres se compose des facteurs premiers communs à ces nombres affectés chacun de son plus petit exposant.

Appliquant cette règle aux deux nombres proposés 2310 et 1430 nous obtenons : (*voir solution* 1).

2310	2
1155	3
385	5
77	11
7	7
1	

1430	2
715	5
143	11
13	13
1	

Les facteurs premiers communs sont 2, 5, 11, chacun avec l'unité pour exposant.

Donc le plus grand commun diviseur cherché égale

$$2\times5\times11=110.$$

---

2. — (*Voir la solution* 1.)

Première méthode.

	2	3	5
8436	3648	1140	228
1140	228	0	

Le *p. g. c. d.* cherché est 228.

Deuxième méthode.

8436	2
4218	2
2109	3
703	19
37	37
1	

3648	2
1824	2
912	2
456	2
228	2
114	2
57	3
19	19
1	

$$8436=2^2\times3\times19\times37\ ;\ 3648=2^6\times3\times19.$$

Les facteurs communs affectés chacun de son plus petit exposant sont 2^2, 3, 19. Le *p. g. c. d.* cherché sera donc.

$$2^2\times3\times19=228.$$

---

3. — En effet, tout nombre qui en divise deux autres divise aussi le reste de leur division ; divisant le diviseur et le reste il divise aussi le reste de leur division et ainsi de suite. Donc il divise tous les restes qu'on obtient dans la recherche du p. g. c. d., et, par conséquent, le p. g. c. d. lui-même qui est un de ces restes.

---

4. — Pour décomposer un nombre en ses facteurs premiers on prend les nombres premiers par ordre de grandeur et on essaye s'ils divisent le nombre proposé. Si la division peut se faire exactement, on l'effectue, et on répète la même opération sur le quotient obtenu, en commençant par essayer le dernier diviseur employé, et ainsi de suite jusqu'à ce qu'on obtienne un quotient premier. Les différents diviseurs employés et le dernier quotient forment un produit de facteurs premiers égal au nombre proposé.

9999	3
3333	3
1111	11
101	101
1	

En appliquant les caractères de divisibilité on voit immédiatement que 9999 est divisible par 3 ; que le quotient 3333 est encore divisible par 3 ; que le quotient 1111 est divisible par 11. Le quotient de cette division 101 est premier absolu, car n'admettant comme facteur aucun des nombres premiers inférieurs à 11, il donne naissance, divisé par 11, à un quotient plus petit que 11.

Donc : $$9999 = 3^2 \times 11 \times 101.$$

---

5. — Appliquant la méthode ci-dessus on obtient :

111 111	3
37 037	7
5 291	11
481	13
37	37
1	

Donc : $111111 = 3 \times 7 \times 11 \times 13 \times 37.$

---

6 et 7. — 1° Soient d'une manière générale A, B, C trois nombres donnés. J'appelle A' le plus grand commun diviseur de A et de B, B' celui de B et de C et enfin A'' celui de A' et de B', et je forme le tableau suivant :

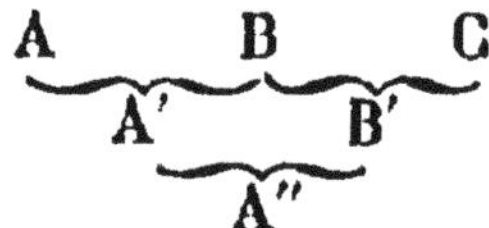

Tout nombre qui divise A et B divise leur plus grand commun diviseur A' ; de même tout nombre qui divise B et C divise B'. Ainsi tout nombre qui divise les nombres de la première ligne divise ceux de la seconde. Réciproquement, tout nombre qui divise A' divise ses multiples A et B, et de même tout nombre qui divise B' divise B et C. Ainsi tout nombre qui divise les nombres de la seconde ligne divise ceux de la première. Donc, le plus grand diviseur commun aux nombres de la première ligne est le même que celui des nombres de la seconde. Or, dans le cas particulier de trois nombres, ce plus grand commun diviseur est A''. Donc A'' est le plus grand commun diviseur cherché.

Application aux nombres 1800, 1440, 2520. On trouve, en appliquant la règle donnée dans la solution 1, A' = 360, B' = 360, par suite A'' = 360.

2° Pour avoir le plus petit commun multiple de plusieurs nombres on cherche le plus petit commun multiple des deux premiers, puis le plus petit commun multiple du nombre ainsi obtenu et du troisième nombre, et ainsi de suite, le dernier plus petit commun multiple trouvé est le nombre demandé (*Voir solution* 8).

En appliquant cette règle on a :

p. p. c. m. de 1800 et 1440 = 7200
p. p. c. m. de 2520 et 7200 = 50400

Le plus petit commun multiple aux trois nombres donnés est 50400.

3° Le quotient de la division de

50400 par 1800 = 28,
50400 par 1440 = 35,
50400 par 2520 = 20.

---

8. — Le *plus petit commun multiple* de plusieurs nombres est le plus petit nombre qui soit un multiple de chacun d'eux.

Cherchons l'expression d'un multiple commun à 2 nombres A et B :

Soit M un multiple quelconque de A, on aura $M = A \times q$, q étant un nombre entier quelconque. Si je veux exprimer que M est aussi un multiple de B il faut exprimer que B divise M ou son égal $A \times q$, il faut donc que $\frac{A \times q}{B}$ soit un quotient exact. Soit D le plus grand commun diviseur de A et B et désignons les quotients $\frac{A}{D}$ et $\frac{B}{D}$ respectivement par a et b, en sorte que a et b seront *premiers entre eux* ; nous aurons ainsi $A = D \times a$ et $B = D \times b$; le quotient $\frac{A \times q}{B}$ devient donc $\frac{D \times a \times q}{D \times b}$ ou, en supprimant le facteur D commun au dividende et au diviseur, $\frac{a \times q}{b}$.

Il faut que ce quotient soit exact, c'est-à-dire que b divise $a \times q$; or b est premier avec a, donc b divise q ; (*Tout nombre qui divise un produit de deux facteurs et qui est premier avec l'un d'eux divise l'autre).* Par suite $q = b \times q'$, q' étant un nombre entier quelconque.

L'expression $M = a \times q$ devient donc $M = a \times b \times q'$.

On aura ainsi tous les *mutiples communs* à a et à b en remplaçant successivement q' par 1, 2, 3... Le *plus petit* correspondra donc à $q' = 1$ et sera $m = A \times b$; ou $m = A \times \frac{B}{D}$ ce qui peut s'écrire $\frac{A \times B}{D}$ en vertu du principe : *Pour diviser par un nombre un produit de plusieurs facteurs il suffit de diviser l'un des facteurs par ce nombre* ; de là on déduit que *le p. p. c. m. de deux nombres est égal au produit de l'un d'eux par le quotient obtenu en divisant l'autre par le plus grand commun diviseur des deux nombres,* ou bien encore *au quotient du produit de ces deux nombres par leur p. g. c. d.*

Soient les nombres 525 et 1545. Leur plus grand commun diviseur (*voir solution* 1) est $5 \times 3 = 15$.

525	3	1545	3
175	5	515	5
35	5	103	103
7	7	1	
1			

(*On reconnaît que* 103 *est premier à ce qu'il n'est divisible par aucun facteur premier plus petit que sa racine carrée moindre que* 11).

Divisant 1545 par 15 et multipliant le quotient par 525, nous obtenons pour *p. p. c. m.* 54075 ; divisant 525 par 15 et multipliant le quotient par 1545, nous obtenons également 54075 ; enfin faisant le produit de 1545 par 525 et divisant par 15, nous trouvons encore 54075.

Autre forme.

On peut aussi, dans l'expression $m = A \times b$, remplacer A par $D \times a$, ce qui donne $m = D \times a \times b$, c'est-à-dire que *le p. p. c. m. de deux nombres est égal au produit de leur plus grand commun diviseur par les produit des quotients de chacun des deux nombres par leur p. g, c. d.*

Les quotients de 525 et de 1545 par 15 sont respectivement 35 et 103, ce qui donne $35 \times 103 \times 15 = 54075$, qui est le *p. p. c. m.* cherché.

(*Consulter les leçons d'arithmétique par A. Carême, page* 55, *P. Saussié*, page 38, *Pélissier*, page 71).

---

9. — La méthode générale pour réduire une fraction à sa plus simple expression est de diviser ses deux termes par leur *plus grand commun diviseur*. (Voir solution 1.) Les quotients obtenus étant premiers entre eux, la fraction qui en résulte est irréductible. Dans le cas présent, on aperçoit immédiatement le facteur 6 commun à $42 = 7 \times 6$ et à $54 = 9 \times 6$.

D'où : $$\frac{420}{5400} = \frac{7 \times 6 \times 10}{9 \times 6 \times 10 \times 10} = \frac{7}{90}.$$

7 et 90 étant premiers entre eux, il n'y a pas de fraction équivalente à $\frac{420}{5400}$ dont les termes soient plus simples que 7 et 90.

---

10. — Le p. g. c. d. de 1058 et 460 est 46. Divisons les deux termes de la fraction par 46, nous aurons $\frac{598}{46} = 13$; $\frac{1058}{46} = 23$. Ces deux quotients étant premiers entre eux, la fraction simplifiée est $\frac{13}{23}$.

---

11. — Imaginons plusieurs fractions irréductibles, c'est-à-dire telles que les deux termes de chacune d'elles soient premiers entre eux. Les réduire au même dénominateur, c'est trouver des fractions égales aux précédentes et ayant pour

dénominateur commun un même nombre D. Or, on a démontré que *lorsque les deux termes d'une fraction sont premiers entre eux, toute fraction qui lui est égale a ses termes équimultiples des termes de la première.*

Le dénominateur commun D sera donc un multiple commun des dénominateurs des fractions proposées ; et le plus petit dénominateur commun sera le plus petit commun multiple (p. p. c. m.) des dénominateurs.

Rappelons que l'on peut d'ailleurs multiplier les deux termes d'une fraction par un même nombre sans en changer la valeur.

Des principes précédents résulte donc la règle suivante :

Pour réduire plusieurs fractions au même dénominateur, ces fractions étant irréductibles, on prend pour dénominateur commun le p. p. c. m. des dénominateurs. Le numérateur nouveau de chaque fraction s'obtient en divisant le p. p. c. m. par chacun des dénominateurs et en multipliant le numérateur de chaque fraction proposée par le quotient obtenu.

Application. — Dans l'exemple proposé, pour trouver ce p. p. c. m. des dénominateurs, décomposons-les en facteurs premiers.

On a :

$$12 = 2^2 \times 3$$
$$16 = 2^4$$
$$60 = 2^2 \times 3 \times 5$$
$$72 = 2^3 \times 3^2$$

Le p. p. c. m. est égal, d'après un théorème déjà démontré, au produit de tous les facteurs différents affectés de leur plus fort exposant.

On a donc : p. p. c. m. $= 2^4 \times 3^2 \times 5 = 720.$

En appliquant la règle précédente on aura :

$$\frac{5}{12} = \frac{5 \times 2^2 \times 3 \times 5}{720} = \frac{300}{720}$$

$$\frac{7}{16} = \frac{7 \times 3^2 \times 5}{720} = \frac{315}{720}$$

$$\frac{13}{60} = \frac{13 \times 2^2 \times 3}{720} = \frac{156}{720}$$

$$\frac{17}{72} = \frac{17 \times 2 \times 5}{720} = \frac{170}{720}$$

Remarque, — Pour trouver le quotient du dénominateur commun par chacun des numérateurs, on a utilisé la décomposition en facteurs premiers.

---

12. — Pour comparer entre elles les deux sommes

$$\frac{1}{9} + \frac{1}{10} + \frac{1}{11} \,;\, \frac{1}{8} + \frac{1}{12} + \frac{1}{14},$$

il faut effectuer l'addition de chacun des deux membres. Or pour additionner des fractions, il faut préalablement les réduire au même dénominateur.

Une méthode de réduction au même dénominateur consiste à *multiplier les deux termes de chaque fraction par le produit des dénominateurs de toutes les autres.*

Mais on obtient des fractions plus simples en choisissant pour *dénominateur commun le plus petit multiple commun des dénominateurs proposés.*

Le p. p. c. m. des nombres 9, 10, 11, 8, 12, 14 est (*Voir solution* 8) $3^2 \times 5 \times 11 \times 2^3 \times 7 = 27720$, et les termes des deux sommes deviennent respectivement :

1°
$$\frac{\dfrac{27720 \times 1}{9} + \dfrac{27720 \times 1}{10} + \dfrac{27720 \times 1}{11}}{27720}$$

$$= \frac{3080 + 2772 + 2520}{27720} = \frac{8372}{27720}.$$

2°
$$\frac{\dfrac{27720 \times 1}{8} + \dfrac{27720 \times 1}{12} + \dfrac{27720 \times 1}{14}}{27720}$$

$$= \frac{3465 + 2310 + 1980}{27720} = \frac{7755}{27720}.$$

La plus grande des deux sommes proposées est donc la première.

---

13. — *Multiplication des fractions.* — La définition de cette opération n'a besoin d'être généralisée que dans le cas où le multiplicateur est fractionnaire. On a alors adopté la suivante :

Multiplier un nombre quelconque par une fraction, c'est prendre cette même fraction du multiplicande.

Ainsi multiplier 36 par $\frac{3}{4}$ c'est prendre les trois quarts de 36.

1er *cas.* — Multiplication d'une fraction par un nombre entier.

Soit $\frac{5}{12} \times 4$. Cela signifie qu'il faut prendre 4 fois $\frac{5}{12}$.

Le produit sera donc 4 fois aussi grand que $\frac{5}{12}$; donc on l'obtiendra en multipliant le numérateur 5 par 4, ce qui donne $\frac{20}{12}$, ou bien encore, puisque c'est possible, en divisant le dénominateur 12 par 4, ce qui donne $\frac{5}{3}$.

Règle. — *Pour multiplier une fraction par un nombre entier, il suffit de multiplier son numérateur par ce nombre ; ou, quand c'est possible, de diviser son dénominateur par ce nombre.*

2e *cas.* — Multiplication d'un nombre entier par une fraction.

Soit $4 \times \frac{5}{12}$. Cela signifie qu'il faut prendre les $\frac{5}{12}$ de 4, ou bien 5 fois le 12me de 4. Or le 12me de 4 est $\frac{4}{12}$ et 5 fois ce 12e donneront $\frac{4 \times 5}{12}$ d'après le cas précédent, ou bien encore, puisque c'est possible, $\frac{5}{3}$.

Règle. — *Pour multiplier un nombre entier par une fraction, il suffit de multiplier le numérateur, ou, quand c'est possible, de diviser le dénominateur de la fraction par ce nombre.*

3e *cas.* — Multiplication d'une fraction par une fraction.

Soit $\frac{5}{7} \times \frac{8}{11}$. Cela signifie qu'il faut prendre les $\frac{8}{11}$ de $\frac{5}{7}$ ou bien 8 fois le 11e de $\frac{5}{7}$. Or le 11e de $\frac{5}{7}$ est 11 fois plus petit que $\frac{5}{7}$ c'est-à-dire $\frac{5}{7 \times 11}$; et 8 fois le 11e donneront ce nombre répété 8 fois c'est-à-dire $\frac{5 \times 8}{7 \times 11}$ ou $\frac{40}{77}$.

Règle. — *Pour multiplier une fraction par une autre, il suffit de diviser le produit de leurs numérateurs par celui de leurs dénominateurs.*

---

14. — *Division des fractions ordinaires.* — Diviser une grandeur par une fraction c'est former une seconde grandeur qui multipliée par cette fraction reproduise la première.

En arithmétique la grandeur à diviser est représentée par un nombre et on cherche un autre nombre qui représente le quotient.

Pour trouver ce quotient on multiplie le dividende par la fraction diviseur renversée.

En effet soit un dividende A (entier ou fractionnaire) à diviser par $\frac{5}{7}$. Appelons q le quotient.

D'après la définition de la division des fractions $A = q \times \frac{5}{7} = \frac{q}{7} \times 5$. Donc $\frac{q}{7} = \frac{A}{5}$; par conséquent $q = \frac{A}{5} \times 7 = A \times \frac{7}{5}$, c'est-à-dire que le quotient est égal au produit du dividende par la fraction diviseur renversée.

Cette méthode est générale; pour plus de détails voir l'Arithmétique par M. Carère, page 80, et par M. Pélissier page 88.

---

15. — (*Voir d'abord la solution 14.*)

La division a pour but de trouver le second facteur d'un produit quand on donne ce produit et le premier facteur.

Fractions ordinaires.

1er *cas.* — Division d'une fraction par un nombre entier.

Soit $\frac{8}{11}$: 4. Le quotient multiplié par 4 doit reproduire le dividende $\frac{8}{11}$; donc le quotient est 4 fois plus petit que $\frac{8}{11}$ on l'obtiendra soit en multipliant le dénominateur du dividende par 4, ou $\frac{8}{11 \times 4}$, ou bien encore, puisqu'ici c'est possible, en divisant son numérateur par 4, ce qui donne $\frac{2}{11}$.

De là la règle.

Pour diviser une fraction par un nombre entier il suffit de multiplier son dénominateur ou, quand c'est possible, de diviser son numérateur par ce nombre.

2e *cas.* — Division d'un nombre entier par une fraction.

Soit 12 : $\frac{5}{7}$. En multipliant le quotient par $\frac{5}{7}$ on doit reproduire le nombre 12. Les $\frac{5}{7}$ du quotient valent 12, $\frac{1}{7}$ vaudra 5 fois moins ou $\frac{12}{5}$ et le quotient tout entier ou $\frac{7}{7}$ vaudra 7 fois autant, ou $\frac{12 \times 7}{5}$, ce qu'on peut écrire $12 \times \frac{7}{5}$.

D'où :

Pour diviser un nombre entier par une fraction, il suffit de multiplier ce nombre par la fraction renversée.

3e *cas*. — Division d'une fraction par une fraction.

Soit $\frac{5}{8} : \frac{6}{11}$. En multipliant le quotient par $\frac{6}{11}$ on doit avoir le dividende $\frac{5}{8}$. Les $\frac{6}{11}$ du quotient valent $\frac{5}{8}$, $\frac{1}{11}$ vaudra 6 fois moins ou $\frac{5}{8 \times 6}$ et le quotient entier ou $\frac{11}{11}$ vaudra 11 fois autant ou $\frac{5 \times 11}{8 \times 6}$ ce qui peut s'écrire $\frac{5}{8} \times \frac{11}{6}$. De là :

Pour diviser une fraction par une autre, il suffit de multiplier la fraction dividende par la fraction diviseur renversée.

REMARQUE. — *Quand cela est possible, on divise terme à terme.*

$$\text{Ex: } \frac{8}{27} : \frac{2}{9} = \frac{\frac{8}{2}}{\frac{27}{9}} = \frac{4}{3}.$$

4e *cas*. — Division des expressions fractionnaires.

On convertit les entiers en fractions et l'on opère comme pour le 3e *cas*.

Ainsi $2 + \frac{3}{5} : 3 + \frac{7}{11}$ revient à $\frac{2 \times 5 + 3}{5} : \frac{3 \times 11 + 7}{11}$

$$= \frac{13}{5} : \frac{40}{11} = \frac{13 \times 11}{5 \times 40} = \frac{143}{200}.$$

Nombres décimaux.

1er *cas*. — Division d'un nombre décimal par un nombre entier.

Soit le nombre décimal 8,681 à diviser par 12. Faisons la division comme si le nombre était entier, Nous trouvons que la 12e partie de 8681 *unités* est 723 *unités* plus $\frac{5}{12}$ d'unité ; donc la 12e partie de 8681 *millièmes* est 723 *millièmes* plus

$\frac{5}{12}$ de *millième* ce qui s'écrit $0,723\,\frac{5}{12}$, la fraction $\frac{5}{12}$ représentant une partie des dernières unités décimales.

Pour diviser un nombre décimal par un nombre entier on cherche le quotient complet, sans s'occuper de la virgule du dividende, et l'on fait exprimer au quotient des unités de même ordre qu'au dividende.

2° *cas.* — Division d'un nombre décimal par un nombre décimal.

Soit 57,324 : 0,41. Le diviseur peut s'écrire $\frac{41}{100}$.

Or, nous avons vu que pour diviser un nombre quelconque par une fraction il suffit de le multiplier par la fraction renversée. Ici nous avons $\frac{57,324 \times 100}{41}$. La multiplication par 100 s'effectuant dans les nombres décimaux par un simple déplacement de la virgule, on est ramené à diviser 5732,4 par 41, ce qui rentre dans le 1er *cas.* Si le nombre proposé était 5732,4 : 0,41 on aurait 573240 : 41. Donc,

Pour diviser un nombre décimal par un nombre décimal, on supprime la virgule dans le diviseur, et on l'avance dans le dividende d'autant de rangs vers la droite qu'il y avait de chiffres décimaux dans le diviseur en ajoutant, au besoin, des zéros à la droite du dividende.

---

16. — La condition nécessaire et suffisante pour qu'une fraction ordinaire puisse être réduite exactement en fraction décimale est que, cette fraction étant réduite à sa plus simple expression, son dénominateur ne renferme pas d'autres facteurs premiers que 2 ou 5.

1° *La condition est nécessaire.* Soit en effet une fraction satisfaisant à la question ; on pourra la transformer en une autre dont le dénominateur sera une puissance de 10. Or, ce dénominateur doit être un multiple de celui de la fraction donnée ; donc, puisqu'il ne renferme que des fac teurs 2 et 5, celui de la fraction donnée n'en peut renfermer d'autres.

2° *La condition est suffisante.* Soit, par exemple, la fraction $\frac{39}{65}$ qui, réduite à sa plus simple expression, devient $\frac{3}{5}$; on peut multiplier ses deux termes par 2 ; on a alors la fraction équivalente $\frac{6}{10}$ ou 0,6. Donc on peut la transformer en fraction décimale. Soit encore $\frac{51}{68}=\frac{3}{4}$. Le dénominateur $4=2^2$. Je multiplie les deux termes par 5^2, j'ai alors :

$$\frac{3\times5^2}{2^2\times5^2}=\frac{75}{10^2}=\frac{75}{100}=0{,}75.$$

Donc on a pu la réduire en décimale.

D'une manière générale, lorsque le dénominateur ne renferme que les facteurs 2 et 5 il suffit, pour réduire la fraction en décimales, de multiplier les deux termes par une puissance de 2 ou de 5 dont l'exposant est égal à la différence des exposants de 2 et de 5 au dénominateur de la fraction donnée.

---

17. — La conversion d'une fraction ordinaire en décimales n'est autre chose que l'évaluation du quotient qu'elle représente, en parties décimales de l'unité.

Pour faire l'opération on commence par réduire la fraction à sa plus simple expression, ce qui donne ici $\frac{5}{11}$, puis on divise le numérateur par le dénominateur.

Deux cas se présentent : ou bien on arrive à un reste nul et on a alors en décimales l'expression exacte de la fraction donnée ; ou bien l'opération ne se termine pas exactement et donne lieu à un quotient dans lequel les mêmes chiffres reviennent périodiquement, et on ne peut avoir en décimales qu'une expression plus ou moins approchée de la fraction suivant le nombre de chiffres que l'on prend au quotient.

On peut prévoir ces cas, car on démontre en arithmétique que :

1° *Toute fraction ordinaire irréductible dont le dénominateur ne contient que les facteurs premiers 2 et 5 peut se convertir exactement en décimales (Voir solution 16) ;*

2° *Toute fraction irréductible dont le dénominateur contient d'autres facteurs que 2 et 5 donne lieu à un quotient décimal indéfini et par suite périodique ;*

3° *Toute fraction ordinaire irréductible dont le dénominateur ne contient ni le facteur 2 ni le facteur 5 donne lieu à un quotient décimal périodique simple ;*

4° *Toute fraction irréductible dont le dénominateur outre d'autres facteurs contient, soit le facteur 2, soit le facteur 5, soit l'un et l'autre, donne lieu à un quotient périodique mixte.*

Dans la fraction irréductible $\frac{5}{11}$, le dénominateur 11 étant premier ne contient ni le facteur 2 ni le facteur 5, il donne donc lieu à un quotient indéfini (*théor.* 2) et ce quotient (*théor.* 3) sera périodique simple. La division effectuée donne en effet 0,454545...

---

18. — Il s'agit de trouver une fraction décimale $\frac{n}{10^\alpha}$ qui soit équivalente à la fraction $\frac{22}{7}$. Donc on doit avoir $\frac{n}{10^\alpha}=\frac{22}{7}$; pour calculer n, on aura la relation $n=\frac{22\times 10^\alpha}{7}$. Le numérateur $22\times 10^\alpha$ est le nombre 22 suivi d'un certain nombre de zéros.

Effectuons la division 2200... par 7. Après avoir obtenu 6 chiffres à la partie décimale, nous retombons sur le reste 1 déjà trouvé. A partir de ce moment les restes et par suite les chiffres du quotient se reproduisent dans l'ordre même suivant lequel on les a déjà obtenus. Il sera donc inutile de continuer la division ; on reproduirait la période obtenue.

La valeur de la fraction décimale périodique mixte correspondant à $\frac{22}{7}$ est 3,142857142857.... Cette fraction $\frac{22}{7}$ est la valeur attribuée par Archimède au nombre π.

```
220     | 7
 10     |---------
  30    | 3,142857
   20   |
    60  |
     40 |
      50|
   -----|
       1|
```

---

19. — Toute fraction décimale périodique simple est équivalente à une fraction ordinaire qui aurait pour numérateur la différence entre sa partie entière, s'il y en a une, et le nombre entier qu'on séparerait à gauche de la virgule transportée à droite de la première période, et pour dénominateur un nombre composé d'autant de 9 qu'il y a de chiffres dans cette période.

La fraction 0,123 123 123... est équivalente à $\frac{123}{999}$.

En effet, multiplions cette fraction décimale par 1 000, nous obtenons 123,123 123... produit composé :

1° de sa valeur primitive 0,123 123...

2° du nombre entier 123.

La valeur primitive de la fraction décimale étant égale à 1, le nombre entier 123 vaut à lui seul 1000 — 1 c'est-à-dire 999. La fraction proposée est donc équivalente à $\frac{123}{999}$ ou en simplifiant, $\frac{41}{333}$.

On trouvera dans tous les cours d'arithmétique une démons-

tration plus classique. Voir en particulier : Arithmétique par M. Carême, page 93, M. Pélissier, page 110, P. Saussié, p. 77.

---

20. — Posons $f=0,37\,37\,37\ldots$ et multiplions les deux membres par 100, nous aurons

$$100f=37,3737\ldots$$
$$99f=37.$$
$$f=\frac{37}{99}.$$

---

21. — Toute fraction décimale périodique mixte est équivalente à une fraction ordinaire qui aurait pour numérateur la différence des nombres entiers qu'on séparerait à gauche de la virgule transportée successivement à droite et à gauche de la première période, et pour dénominateur autant de 9 qu'il y a de chiffres dans la période suivis d'autant de zéros qu'il y a de chiffres irréguliers après la virgule.

La fraction $0,3272727\ldots$ est équivalente à

$$\frac{327-3}{990}=\frac{324}{990}=\frac{18}{55}.$$

On peut répéter le raisonnement de la solution 19 ou donner la démonstration classique suivante :

Soit f la fraction génératrice cherchée. On a :

$$f=0,327\,27\,27\,27,..27$$

en supposant qu'on prenne $(n+1)$ périodes.

Multiplions par 1000, nous aurons

$$1000f=327,2727\ldots27 \qquad (1)$$

avec n périodes.

Multiplions par 10, il viendra :

$$10f=3,27\,27\,27\ldots27 \qquad (2)$$

avec $(n+1)$ périodes. Négligeons dans (2) la $(n+1)^e$ période, l'erreur commise sera $\frac{27}{10^{2(n+1)}}$. Cette erreur tendra vers o lorsqu'on prendra un nombre de périodes de plus en plus considérable.

Retranchons (2) de (1) nous aurons.

$$990f = 324$$

$$\text{d'où : } f = \frac{324}{990} = \frac{18}{55}.$$

---

22. — Soit f la fraction décimale obtenue en prenant n périodes. On a

$$f = 0{,}37\,777\ldots7$$

le dernier 7 représentant des unités de l'ordre $\frac{1}{10^{n+1}}$.

Multiplions les deux membres successivement par 100 et par 10 ; il viendra

$$100f = 37{,}777\ldots7$$
$$10f = 3{,}77\ldots77.$$

On en déduit en retranchant

$$99f = 37 - 3 - \frac{7}{10^n}.$$

Supposons que l'on prenne un nombre de périodes de plus en plus grand. La valeur de f tendra vers la valeur F de la fraction périodique; $\frac{7}{10^n}$ tendra vers 0. On obtient alors

$$99F = 37 - 3 = 34$$

$$\text{d'où : } F = \frac{34}{99}.$$

---

23. — La racine carrée de 2 825 à une unité près, par défaut, ou sa racine carrée entière, est le plus grand nombre entier dont le carré est contenu dans 2 825.

Le nombre 2 825 étant plus grand que 100 sa racine entière n'est pas moindre que 10. Considérons cette racine comme la somme d'un certain nombre de dizaines et des unités simples représentées par son dernier chiffre à droite.

Outre le *reste* qui est la différence entre le nombre proposé et le carré de la racine obtenue, le nombre 2 825 doit contenir le *carré* de la racine cherchée, c'est-à-dire : 1° le *carré* des dizaines qui est un nombre exact de centaines ; 2° le *produit* du double des dizaines par les unités ; 3° le *carré* des unités.

Séparons les 28 centaines du nombre proposé. Le nombre 28 étant moindre que 100, sa racine entière est moindre que 10 et s'obtient immédiatement, elle est 5 avec 3 pour reste. Ce nombre 5 est bien le chiffre exact des dizaines de la racine, car on a

$$5^2 < 28 < 6^2$$

ou en multipliant par 10^2

$$5^2 \times 10^2 < 2800 < 6^2 \times 10^2$$

ou encore :

$$50^2 < 2800 < 60^2$$

et, en ajoutant 25, qui est plus petit que 100, au nombre intermédiaire

$$50^2 < 2825 < 60^2.$$

Donc la racine n'est pas moindre que 50 ; mais n'atteint pas 60.

Le premier chiffre de la racine est donc 5.

Si de 28 centaines on retranche 25 centaines, ce qui est le carré de 5 dizaines, il reste 3 centaines qui, ajoutées aux 25 unités en surplus donnent pour reste total 325.

Ce nombre 325 doit contenir, outre le reste, le produit du double des dizaines par les unités qui forme un nombre exact de dizaines, plus le carré des unités. Le double des dizaines de la racine est 10.

Séparons dans le reste 325 les 32 dizaines et divisons par 10, nous aurons pour quotient 3 et pour reste 2. Le quotient 3 est le chiffre des unités de la racine ou il est supérieur à ce chiffre. En effet

$$10 \times 4 > 32$$

donc $$10 \times 4 \geqq 33$$

par suite $$10 \times 10 \times 4 \geqq 330 > 325.$$

Le chiffre des unités de la racine ne peut donc être 4 ni un nombre supérieur puisque 325 ne contient même pas le double produit des dizaines par 4. Il faut voir maintenant si le chiffre 3 n'est pas fort. Pour cela il suffit de vérifier si 325 contient le produit du double des dizaines par les unités de la racine plus le carré de ces unités, c'est-à-dire

$$(5 \times 10 + 5 \times 10 + 3) \times 3 = 103 \times 3 = 209\,;$$

il les contient, donc 3 n'est pas trop fort. Le reste est $325 - 309 = 16$. Ce reste étant inférieur au double de la racine $+ 1$ le chiffre 3 n'est pas trop faible.

Donc la racine cherchée est 53.

---

24. — On appelle racine carrée du nombre 4521 à moins de une unité près, par défaut, le plus grand nombre entier dont le carré puisse se retrancher de 4521. Cherchons cette racine carrée : elle sera plus grande que 10 puisque 4521 est > 100, carré de 10. Donc elle se compose de dizaines et d'unités, son carré se composera donc du carré des dizaines, du double produit des dizaines par les unités et du carré des unités. Le carré des dizaines est un certain nombre de centaines. On les cherchera donc dans les 45 centaines de 4521. J'extrais donc, à une unité près, la racine de 45 qui est 6. Je dis que 6 sera le chiffre exact des dizaines de la racine et non un chiffre trop fort comme on pourrait le craindre. En effet, 6 étant par hypothèse la racine carrée, à une unité près, par défaut, de 45, on a

$$6^2 \leqq 45 < 7^2$$

d'où

$$60^2 \leqq 4500 < 70^2$$

Ces nombres sont des nombres exacts de centaines ; donc l'inégalité ne sera pas troublée si, au terme intermédiaire on ajoute $21 < 100$.

Donc on peut écrire :

$$60^2 < 4521 < 70^2$$

Donc la racine cherchée est comprise entre 60 et 70. Donc le chiffre des dizaines est 6.

Retranchons de 4521 le carré de 6 dizaines. Il reste 921 qui contient encore le double produit des dizaines par les unités et le carré des unités. Le double des dizaines est 12 dizaines. Je divise les 92 dizaines du reste par 12. Le quotient 7 sera le chiffre des unités ou un chiffre trop fort. Je l'essaie en l'écrivant à la gauche de 12 et en multipliant le nombre ainsi formé 127 par 7. Le produit 889 pouvant se retrancher de 921, 7 est le chiffre des unités. On déduit de là la règle connue.

---

25. — De la théorie précédente on conclut la règle générale suivante que nous extrayons textuellement des *Leçons d'arithmétique de M. Carême*, p. 105.

Pour extraire à une unité près la racine carrée d'un nombre entier de 3 ou 4 chiffres, on sépare deux chiffres à droite, on extrait la racine carrée de la partie à gauche, *c'est le chiffre des dizaines de la racine* ;

On retranche le carré de ce chiffre de la tranche de gauche du nombre donné, et à la droite du reste on abaisse la tranche de droite. On sépare le dernier chiffre de droite et l'on divise la partie à gauche par le double du chiffre des dizaines ; on a ainsi *le chiffre des unités* ou un *chiffre trop fort.*

On essaie ce chiffre en l'écrivant à la droite du double du chiffre des dizaines et en multipliant le résultat ainsi obtenu par le chiffre à essayer ; si le produit peut se retrancher du reste précédemment obtenu, le chiffre essayé est bon. Sinon, on le diminue progressivement d'une unité jusqu'à ce que la soustraction puisse se faire.

Soit 3611 le nombre proposé, la règle donne

36.11	60
01.1	12
11	

La racine est 60 et le reste est 11.

---

26. — La racine carrée de 325 à une unité près est 18 et le reste 1.

$$\begin{array}{r|l} 3.25 & 18 \\ 22.5 & \overline{28} \\ \hline 1 & \;8 \end{array}$$

---

27. — $\begin{array}{r|l} 35.25 & 59 \\ 102.5 & \overline{109} \\ \hline 44 & \;9 \end{array}$ La racine de 3525 est 59 et le reste 44.

---

28. — Partager le nombre 1 236 en parties proportionnelles aux nombres 1, 2 et 3 revient à décomposer 1 236 en $(1+2+3)=6$ parties qui sont égales chacune à 206, à multiplier ensuite 206 successivement par les nombres 1, 2, 3, ce qui donne

$$\left.\begin{array}{l} 206\times 1=206 \\ 206\times 2=412 \\ 206\times 3=618 \end{array}\right\} 1236.$$

---

29. — Le nombre 2 345 divisé par $(3+4+5)=12$ donne 195,4166, ou mieux $\frac{2345}{12}$. Chacune des parties proportionnelles sera

$$\left.\begin{array}{l} \dfrac{2245\times 3}{12}=586,2500 \\ \dfrac{2345\times 4}{12}=781,6666 \\ \dfrac{2345\times 5}{12}=977,0833 \end{array}\right\} 2344,9999, \text{ à 1 dix-millième près,}$$

---

30. — Le nombre 524 décomposé en $(2+3+5+7+9)=26$ parties donne $\frac{524}{26}$.

Chacune des parties proportionnelles sera à 0,01 près

$$\frac{2 \times 524}{26} = 40,31$$

$$\frac{3 \times 524}{26} = 60,46$$

$$\frac{5 \times 524}{26} = 100,77$$

$$\frac{7 \times 524}{26} = 141,07$$

$$\frac{9 \times 524}{26} = 181,38$$

ALGÈBRE

---

31. — En chassant les dénominateurs, il vient

$$3x + 2x = 6(x - 7) = 6x - 42$$
$$6x - 5x = 42$$
$$x = 42$$

---

32. — Réduisons au même dénominateur, nous aurons :

$$\frac{6x}{12} - \frac{4x}{12} = \frac{3x}{12} - \frac{12}{12},$$

et en chassant le dénominateur,

$$6x - 4x = 3x - 12$$

d'où :

$$x = 12.$$

---

33. —

$$x + 2y = 3 \qquad (1)$$
$$2x + y = 7 \qquad (2)$$

Je vais *éliminer y* entre (1) et (2) ; pour cela, je multiplie l'équation (2) par 2 et je retranche l'équation (1) de (2) ainsi modifiée, il vient $3x = 14 - 3$, ou $x = \frac{11}{3}\cdot$ Pour avoir l'inconnue y, je substitue dans (2), à la place de x, sa valeur $\frac{11}{3}$, il vient $\frac{22}{3} + y = 7$, ou $y = 7 - \frac{22}{3} = \frac{21 - 22}{3}$, et enfin $y = -\frac{1}{3}\cdot$

---

34. — *Emploi de la méthode de substitution.* — Je tire y de la première équation,

$$y = \frac{5 - 2x}{3}$$

et je porte cette valeur dans la seconde équation. Il vient $8x - \frac{4(5 - 2x)}{3} = 5$, ou, en chassant le dénominateur et effectuant les calculs indiqués,

$$24x - 20 + 8x = 15$$

d'où $32x = 15 + 20$ ou $32x = 35$ et enfin $x = \frac{35}{32}\cdot$ Portant cette valeur dans $y = \frac{5 - 2x}{3}$, il vient

$$y = \frac{5 - \frac{2 \times 35}{32}}{3} = \frac{160 - 70}{3 \times 32},\ y = \frac{90}{3 \times 32} = \frac{30}{32} = \frac{15}{16}.$$

Ainsi les valeurs des deux inconnues sont $x = \frac{35}{32}$ et $y = \frac{15}{16}$.

---

35. — Je chasse les dénominateurs dans les deux équations. J'ai :

$$5x + 3y = 120 \qquad (3)$$
$$10x - 9y = 90 \qquad (4)$$

J'emploie ici la méthode d'élimination qui simplifie les opérations. Pour cela je multiplie l'équation (3) par 3 sans toucher à l'équation (4), il vient :

$$\begin{cases} 15x + 9y = 360 \\ 10x - 9y = 90 \end{cases}$$

Ajoutant membre à membre, il vient $25x = 450$, d'où $x = \frac{450}{25}$, ou $x = 18$.

Je multiplie (3) par 2 sans toucher à (4), il vient :

$$\begin{cases} 10x + 6y = 240 \\ 10x - 9y = 90 \end{cases}$$

Retranchant la seconde de ces équations de la première, j'ai $15y = 150$, d'où $y = \frac{150}{15}$, $y = 10$.

---

36. — Multiplions les deux membres de la première équation par 8 et les deux membres de la seconde équation par 9, il vient :

$$\frac{8x}{9} + y = 344$$

$$\frac{9x}{8} + y = 378$$

Retranchons membre à membre la première équation de la seconde, nous obtiendrons :

$$x\left(\frac{9}{8} - \frac{8}{9}\right) + y - y = 378 - 344 = 34,$$

ou : $$x\left(\frac{17}{72}\right) = 34 \; ; \; x = \frac{34 \times 72}{17} = 144.$$

Remplaçons dans la première équation x par sa valeur 144 : nous en tirerons la valeur de y

$$y = 344 - \frac{8 \times 144}{9} = 344 - 128 = 216.$$

---

37. — Ordonnons le système, il deviendra :

$$\begin{aligned} 2x - y - z &= a \\ -x + 2y - z &= b \\ -x - y + 2z &= c. \end{aligned}$$

Si l'on ajoute les trois équations membre à membre, on trouve :

$$o = a + b + c.$$

En vertu du théorème *lorsque dans un système de* m *équations l'une d'elles est résolue par rapport à une inconnue, on peut remplacer les* m — 1 *autres par celles qu'on obtient en substituant, dans ces* m — 1 *équations la valeur de l'inconnue considérée* (voir la démonstration dans l'Algèbre du P. Saussié, p. 70), $o = a + b + c$ peut remplacer une des trois équations données. Si donc les trois nombres donnés *a*, *b*, *c* satisfont à la relation

$$a + b + c = 0,$$

le système proposé est *indéterminé*. Si on a, au contraire,

$$a + b + c \lessgtr 0,$$

le système est *incompatible*.

---

38. — Ajoutons membre à membre, après les avoir ordonnées, les trois équations :

$$x + y - z = 8 \qquad (1)$$

$$-x + y + z = 9 \qquad (2)$$

$$x - y + z = 10 \qquad (3)$$

il viendra :

$$x + y + z = 27. \qquad (4)$$

Retranchons successivement de l'équation (4) les équations (1), (2), (3), nous obtiendrons :

$$x + y + z - (x + y - z) = 27 - 8$$

$$2z = 19, z = \frac{19}{2} = 9{,}5 \qquad (1)$$

$$x + y + z - (-x + y + z) = 27 - 9$$

$$2x = 18, x = \frac{18}{2} = 9 \qquad (2)$$

$$x + y + z - (x - y + z) = 27 - 10$$

$$2y = 17, y = \frac{17}{2} = 8{,}5 \qquad (3)$$

---

39. — $4x + y = 5(a+b)$ (1)

$3x - 5y = 21\ a - 2b$ (2)

Multipliant les 2 termes de l'équation (1) par 5, on a :

$$20x + 5y = 25(a+b) \quad (3)$$

et $3x - 5y = 21\ a - 2b$

Ajoutons membre à membre il vient : $23x = 25a + 25b + 21a - 2b.$

ou encore : $23x = 46a + 23b$

d'où $x = 2a + b.$

Je porte cette valeur dans (1), j'ai :

$$8a + 4b + y = 5a + 5b.$$

ou bien $y = 5a - 8a + 5b - 4b$

ou encore $y = b - 3a$

Application :

Pour $a = 1$ et $b = 10$

on trouve :

$$x = 12$$

$$y = 7.$$

---

40. — Soit x la mise du premier associé et y celle du second.

On a :

$$x + y = 162.000.$$

et $x - y = 18.000.$

Ou en additionnant membre à membre : $2x = 180.000$

donc : $x = 90.000$

Par conséquent :

$$y = 162.000 - 90.000 = 72.000$$

Alors nous disons :

Si 162.000 fr. rapportent : 40.000

1 fr. rapportera : $\dfrac{40.000}{162.000}$

et 72.000 fr. rapporteront : $\dfrac{40.000 \times 72.000}{162.000}$

La part du second est donc : 17.000 fr. 77 par défaut et celle du premier : 22.222 fr. 23 par excès.

---

41. — On sait que deux nombres étant divisés par leur plus grand commun diviseur, les quotients sont premiers entre eux.

Donc, on a :

$$x = 12q$$
$$y = 12q'$$

q et q' étant premiers entre eux.

D'autre part,

$$\frac{x}{y} = \frac{q}{q'} = \frac{39}{52}.$$

Lorsqu'une fraction est réduite à sa plus simple expression, ses deux termes sont premiers entre eux. Il suffira donc réduire $\frac{39}{52}$ à sa plus simple expression pour obtenir une fraction dont les deux termes seront respectivement q et q'.

On aura :

$$\frac{q}{q'} = \frac{39}{52} = \frac{3 \times 13}{4 \times 13} = \frac{3}{4}.$$

Donc :

$$q = 3$$
$$q' = 4.$$

Et

$$x = 3 \times 12 = 36$$
$$y = 4 \times 12 = 48.$$

---

42. — On sait que dans l'équation du second degré de la forme :

$$x^2 + px + q = 0,$$

la somme des racines est égale au coefficient de x changé de signe, et le produit de ces racines est égal au terme connu.

Il résulte de là que les valeurs de x et de y des équations proposées sont les racines de l'équation :

$$z^2 - 9z + 36 = 0.$$

En résolvant cette équation, on trouve :

$$z = \frac{9 \pm \sqrt{81 - 4 \times 36}}{2}.$$

$$z = \frac{9 \pm \sqrt{-63}}{2}.$$

Les racines sont imaginaires et les valeurs de x et de y sont les deux racines conjuguées :

$$x = z' = \frac{9 + \sqrt{-63}}{2},$$

$$y = z'' = \frac{9 - \sqrt{-63}}{2},$$

qui, en effet, satisfont bien aux équations proposées.

---

43. — L'équation $x^2 + 3x + 2 = o$ étant de la forme $ax^2 + bx + c = o$, sera résolue par la formule générale

$$x = \frac{-b \pm \sqrt{b^2 - 4ac}}{2a}$$

dans laquelle on fera $a = 1$, $b = 3$ et $c = 2$. On aura ainsi :

$$x = \frac{-3 \pm \sqrt{9 - 8}}{2}, \text{ ou } x = \frac{-3 \pm 1}{2}.$$

Les deux racines sont donc :

$$x' = \frac{-3 + 1}{2} = -1, \text{ et } x'' = \frac{-3 - 1}{2} = -2.$$

---

44. — $x^2 + 70x - 800 = 0$. Le coefficient de x étant pair, j'applique la formule générale modifiée

$$x = \frac{-b' \pm \sqrt{b'^2 - ac}}{a},$$

dans laquelle $a = 1$, $b' = 35$, et $c = -800$.

$$x = -35 \pm \sqrt{35^2 + 800} = -35 \pm 45,$$

d'où $x' = 10$ et $x'' = -80$.

---

45. — $x^2 - 18x + 32 = 0$. Appliquant la même formule que ci-dessus, on trouve :

$$x = 9 \pm \sqrt{81 - 32} = 9 \pm 7,$$

par suite $x' = 16$, et $x'' = 2$.

---

46. $x^2 + x = a^2 + 3a + 2$. Cette équation peut s'écrire $x^2 + x - (a^2 + 3a + 2) = 0$. Appliquant la formule générale, je trouve

$$x = \frac{-1 \pm \sqrt{1 + 4(a^2 + 3a + 2)}}{2}$$

ou $$x = \frac{-1 \pm \sqrt{4a^2 + 12a + 9}}{2}.$$

Je remarque que la quantité placée sous le radical, $4a^2 + 12a + 9$, est le carré de $2a + 3$. J'ai donc

$$x = \frac{-1 \pm (2a + 3)}{2},$$

par suite $$x' = \frac{-1 + 2a + 3}{2} = \frac{2a + 2}{2} = a + 1,$$

et $$x'' = \frac{-1 - 2a - 3}{2} = \frac{-2a + 4}{2} = -(a + 2),$$

---

47. — $x^2 - 1,75x + 0,625 = 0$.

La formule générale donne

$$x = \frac{1,75 \pm \sqrt{1,75^2 - 4 \times 0,625}}{2},$$ ou en effectuant les calculs sous le radical $x = \frac{1,75 \pm \sqrt{0,5625}}{2}$ et $x = \frac{1,75 \pm 0,75}{2}$.

Par suite les deux racines sont

$$x' = \frac{1,75 + 0,75}{2} = 1,25, \quad x'' = \frac{1,75 - 0,75}{2} = 0,50.$$

---

48. — $3x^2 - 12x + 1 = 6x - 23$.

Faisons passer tous les termes dans le premier membre, il viendra

$$3x^2 - 18x + 24 = 0,$$

et supprimant le facteur commun 3, nous aurons

$$x^2 - 6x + 8 = 0.$$

La formule $x = \frac{-b \pm \sqrt{b'^2 - ac}}{a}$ donne $x = 3 \pm \sqrt{9 - 8}$ ou $x = 3 \pm 1$. Par suite $x' = 3 + 1 = 4$, $x'' = 3 - 1 = 2$.

On pourrait, et cette remarque s'appliquera à toutes les questions posées, résoudre cette équation sans se servir de la formule générale. En effet $x^2 - 6x$ sont les deux premiers termes du carré de $x - 3$, et l'on a

$$x^2 - 6x = (x - 3)^2 - 9,$$

par suite l'équation devient

$$(x - 3)^2 - 9 + 8 = 0, \text{ ou } (x - 3)^2 - 1 = 0.$$

Le premier membre étant la différence de deux carrés, on a $(x - 3 + 1)(x - 3 - 1) = 0$, ou $(x - 2)(x - 4) = 0$. Pour que ce produit soit nul, il suffit que l'un des facteurs soit nul, ce qui donne les deux solutions $x - 2 = 0$ ou $x - 4 = 0$, par suite $x = 2$ ou $x = 4$.

---

49. — Je chasse les dénominateurs.

Il vient : $2x^2 - 3x - 54 = 0$.

$$\text{d'où : } x = \frac{3 \pm \sqrt{9 + 54 \times 8}}{4}$$

$$= \frac{3 \pm \sqrt{441}}{4}$$

$$= \frac{3 \pm 21}{4},$$

$$\text{d'où } \alpha = \frac{3 - 21}{4} = -\frac{9}{2}$$

$$\beta = \frac{3 + 21}{4} = 6.$$

---

50. — Soient x et y les deux nombres cherchés. On a

$$x - y = 7$$
$$xy = -12,$$

ce qui peut s'écrire

$$x + (-y) = 7$$
$$x(-y) = -12.$$

x et $-y$ sont donc les racines de l'équation du second degré $x^2 - 7x + 12 = 0$ qui donne

$$x = \frac{7 \pm \sqrt{49 - 48}}{2} = \frac{7 \pm 1}{2};$$

d'où $\begin{cases} x = 4 \\ -y = 3 \text{ ou } y = -3 \end{cases}$ et $\begin{cases} x = 3. \\ -y = 4 \text{ ou } y = -4. \end{cases}$

---

51. — Ces deux nombres sont racines de l'équation du second degré

$$x^2 - 561\,x + 17918 = 0.$$

D'où

$$x' = \frac{561 + \sqrt{561^2 - 4 \times 17918}}{2} = \frac{561 + 493}{2} = \frac{1054}{2} = 527,$$

et

$$x'' = \frac{561 - \sqrt{561^2 - 4 \times 17918}}{2} = \frac{561 - 493}{2} = \frac{68}{2} = 34.$$

---

52. — Appelons x et y les deux dimensions du rectangle.

Le demi-périmètre $x + y = 4^{\text{décim.}}$

La surface $xy = 3^{\text{déc.q.}}$

On voit que x et y sont les racines de l'équation du second degré

$$z^2 - 4z + 3 = 0.$$

D'où $\left.\begin{matrix} x \\ y \end{matrix}\right\} = 2 \pm \sqrt{4 - 3} = 2 \pm 1 = \begin{cases} 3 \\ 1 \end{cases}.$

Les côtés ont donc respectivement $3^{\text{décim.}}$ et $1^{\text{décim.}}$

GÉOMÉTRIE

Pour la démonstration des théorèmes du cours nous renvoyons les élèves aux traités de géométrie qu'ils ont entre les mains. Nous ne donnerons ici que la solution des PROBLÈMES *ou des* THÉORÈMES *dont l'énoncé a été modifié.*

---

58. — Soit AMB une des positions de l'angle droit. Achevons le rectangle AMBN. Les diagonales d'un rectangle sont égales et se coupent mutuellement en deux parties égales, donc MO = OA = constante. — Le lieu du point M est donc la circonférence décrite sur AB comme diamètre.

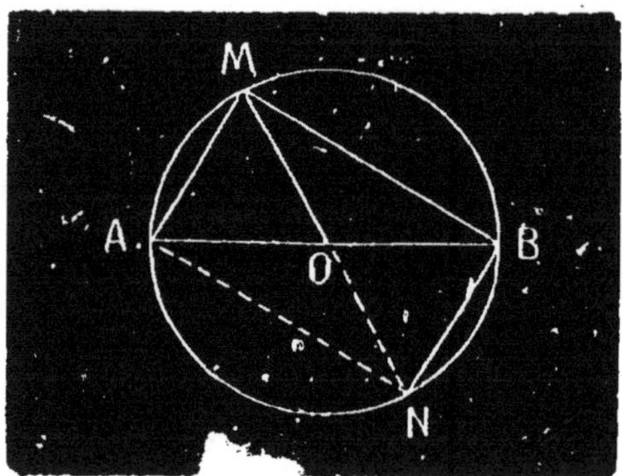

62-65. — Supposons le problème résolu et soient AB la tangente cherchée et B le point de contact. Si nous menons le rayon OB, il est perpendiculaire sur AB. Donc le point B se trouve sur la circonférence ayant pour diamètre OA. D'où la construction : sur OA comme diamètre on décrit une circonférence. Cette circonférence rencontre la circonférence donnée en deux points B et C. Si l'on joint AB, AC, les droites ainsi obtenues sont les tangentes demandées. Donc le problème n'admet que deux

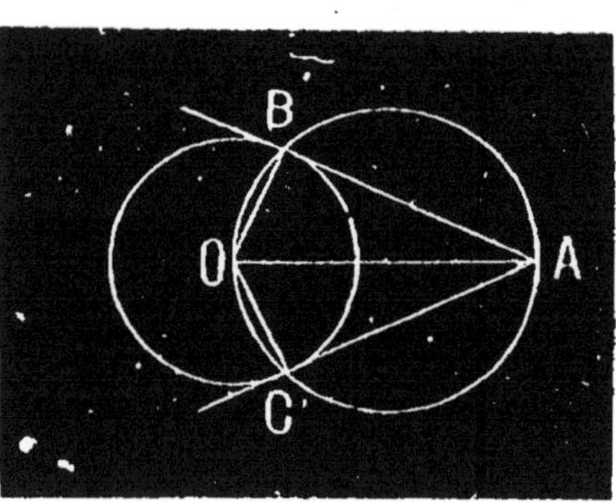

solutions et ces deux solutions existent toujours lorsque A, comme il est dit dans l'énoncé, est extérieur au cercle O, car alors les deux circonférences se coupent.

2° Le triangle OBA est rectangle en B. Donc :

$$\overline{OA}^2 = \overline{OB}^2 + \overline{AB}^2$$

d'où :

$$\overline{AB}^2 = \overline{OA}^2 - \overline{OB}^2 = \overline{9,1}^2 - \overline{3,5}^2 = 82,81 - 12,25,$$

$$\overline{AB}^2 = 70,56.$$

D'où :

$$AB = \sqrt{70,56} = 8^m,40.$$

3° Proposons-nous de mener une tangente commune intérieure.

Supposons le problème résolu. Soit AB une tangente commune intérieure. Menons les rayons OA et O'B qui aboutissent aux points de contact. Prolongeons le rayon OA d'une d'une longueur AC = O'B et joignons O'C. La figure O'BAC est un rectangle, donc l'angle OCO' est droit et la droite O'C est tangente au cercle décrit de O comme centre avec OA + AC = R + R' comme rayon.

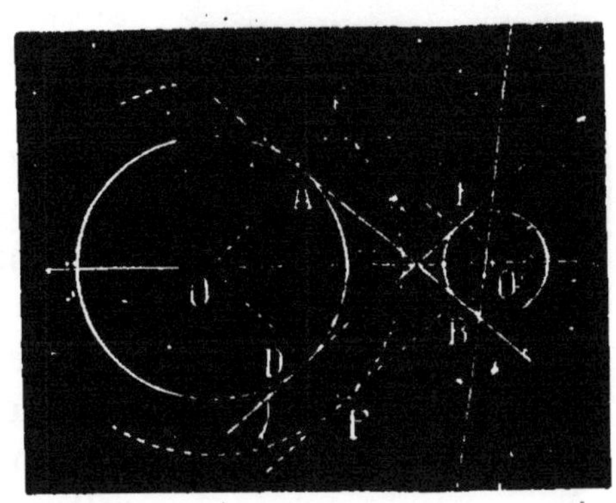

De là la construction suivante :

On décrit une circonférence concentrique à la plus grande des deux circonférences données, et du centre O' de la plus petite, on mène des tangentes O'C et O'F à cette circonférence auxiliaire ; soient C et F les points de contact, on joint OF et OC, et aux points A et B que ces rayons déterminent sur la circonférence on mène des parallèles à CO' et FO', on a ainsi les tangentes communes intérieures.

Condition de possibilité du problème. — Il faut que O′ soit extérieur à la circonférence auxiliaire, donc

$$OO' \leqq R + R'$$

Si $OO' = R + R'$ les deux circonférences sont tangentes extérieurement et il n'y a plus qu'une solution qui est la tangente perpendiculaire à la ligne des centres au point de contact. Si $OO' > R + R'$ pas de solution, dans ce cas les circonférences se coupent.

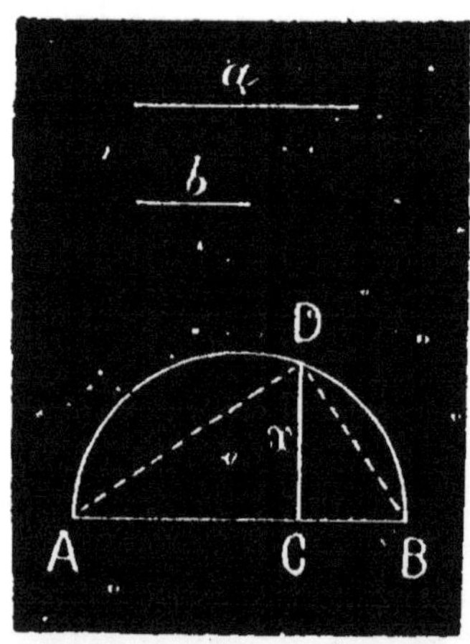

79. — 1re *solution.* — Portons sur une droite la première longueur AC et, à la suite, la seconde longueur CB. Sur AB comme diamètre décrivons une demi-circonférence et élevons en C une perpendiculaire CD qui sera la moyenne proportionnelle demandée.

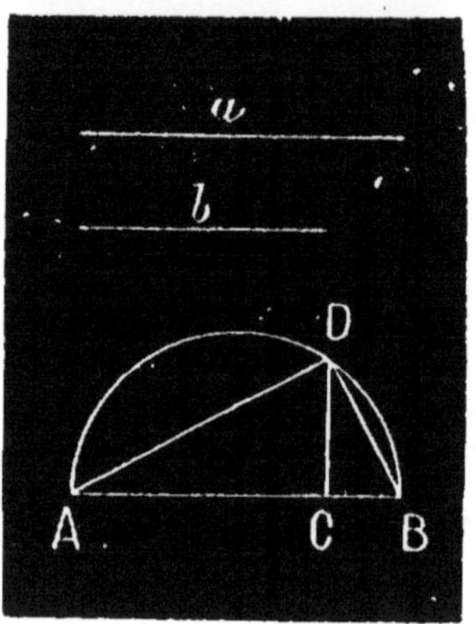

2e *solution.* — Si les longueurs données sont un peu grandes, portons sur une droite la première longueur en AB et, à partir du même point A, la seconde longueur AC. Sur AB comme diamètre décrivons une demi-circonférence. Élevons en C la perpendiculaire CD, joignons AD qui sera la moyenne proportionnelle demandée.

3e *solution.* — On peut encore porter sur une droite la première longueur AB, et, à partir du même point A la seconde longueur AC. Sur BC comme corde décrivons une circonférence et menons de A une tangente AM à cette circonférence, AM sera la moyenne proportionnelle demandée.

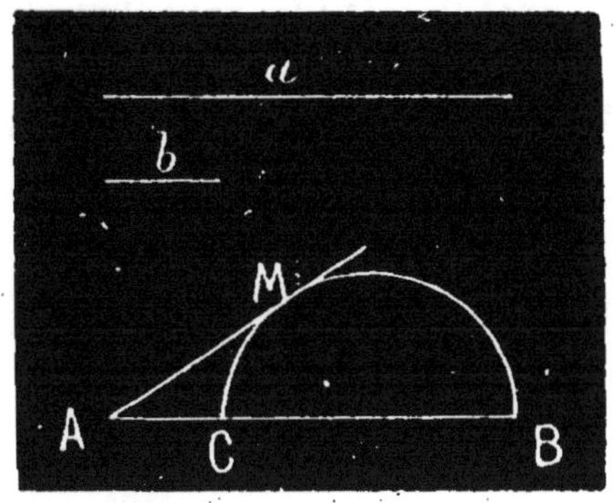

La moyenne proportionnelle d... deux nombres étant la racine carrée de leur produit nous aurons en la désignant par x :

$$x=\sqrt{\frac{2}{3}\times\frac{8}{75}}=\sqrt{\frac{16}{225}}=\frac{4}{15}.$$

---

80. — Soient MP et MQ les distances du point M aux deux côtés du triangle.

Les triangles AOB, A'OB' ayant un angle compris entre deux côtés égaux chacun à chacun sont égaux, et l'angle A = l'angle A'. D'autre part, les triangles MAB', MBA' sont égaux, comme ayant un côté égal AB' = = BA' = 4a, compris entre deux angles égaux A = A' et AB'M = = A'BM comme suppléments des angles B et B' des triangles donnés. Donc MB' = = MB. Les triangles MQB' et MPB sont rectangles en Q et en P, ils ont leur hypoténuse égale, MB' = MB, et un angle

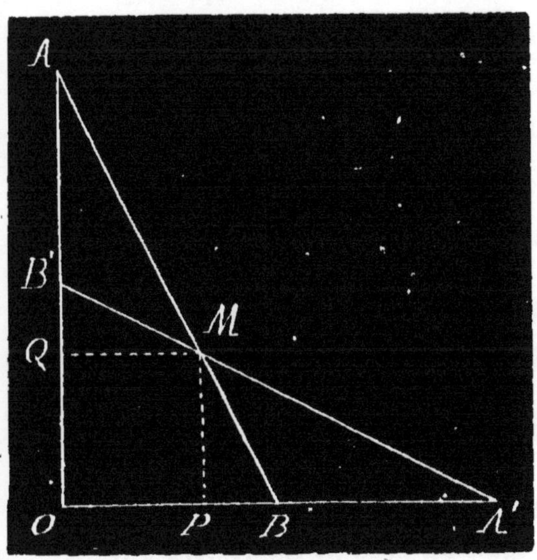

aigu égal B = B′; ils sont donc égaux et MP = MQ. Le point M se trouve donc sur la bissectrice de l'angle droit.

Cela posé, les triangles semblables MPB et AOB donnent

$$\frac{MP}{AO} = \frac{MB}{AB}.$$

D'autre part, le point M étant sur la bissectrice de l'angle O on a

$$\frac{MB}{AM} = \frac{OB}{OA}.$$

d'où :

$$\frac{MB}{AM + MB} = \frac{OB}{OB + OA},$$

ou

$$\frac{MB}{AB} = \frac{OB}{OB + OA} = \frac{2a}{8a} = \frac{1}{4}.$$

D'où enfin :

$$\frac{MP}{AO} = \frac{1}{4},$$

ou

$$MP = \frac{AO}{4} = \frac{6a}{4} = \frac{3a}{2}, \quad MQ = MP = \frac{3a}{2}.$$

---

81. — Mesure des aires. — On démontre que :

1° Deux rectangles de même base et de même hauteur sont égaux.

2° Deux rectangles de même base sont entre eux comme leurs hauteurs; deux rectangles de même hauteur sont entre eux comme leurs bases.

3° Deux rectangles quelconques sont entre eux comme les produits des rapports des bases aux hauteurs.

Ces trois théorèmes étant admis on démontre que :

L'aire d'un rectangle est égale au produit du nombre qui mesure la base par celui qui mesure la hauteur, moyennant que l'on prenne comme unité de surface le carré qui a pour côté l'unité de longueur.

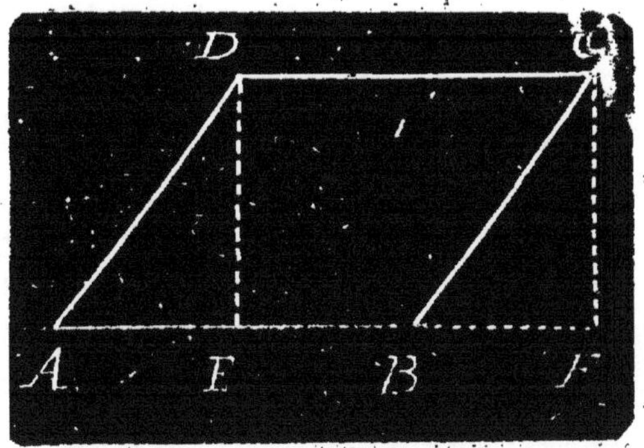

Ce théorème s'énonce généralement de la manière abrégée, mais incorrecte, suivante :

L'aire du rectangle est égale au produit de la base par la hauteur.

Aire du parallélogramme. — Soit ABCD. On abaisse les perpendiculaires DE, CF. On forme ainsi deux triangles égaux DAE, CBF. Donc le parallélogramme ABCD est équivalent au rectangle DEFC. Donc : *l'aire du parallélogramme est égale au produit de la base par la hauteur.*

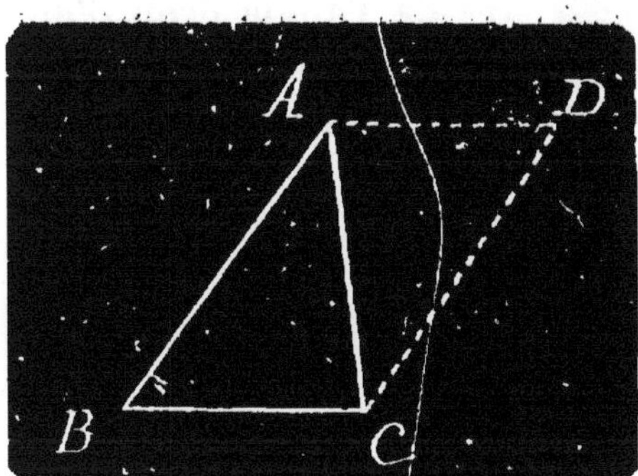

Aire du triangle. — Soit ABC ce triangle. Menons des parallèles à BC et à AB. On forme ainsi un parallélogramme ABCD. Le triangle donné en est la moitié. Donc : *l'aire du triangle est égale à la moitié du produit de la base par la hauteur.*

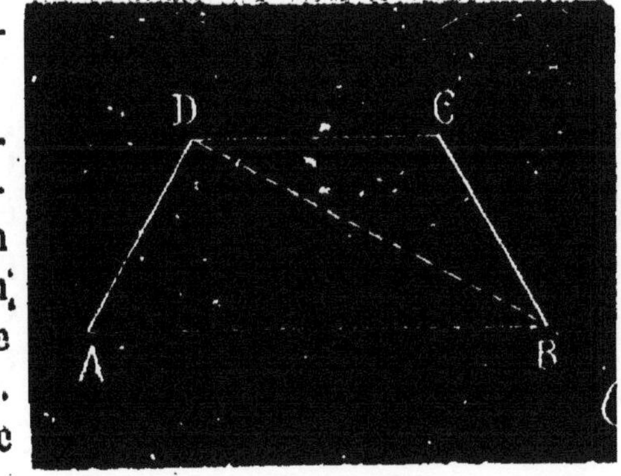

Aire du trapèze. — Soit le trapèze ABCD. Menons la diagonale BD. On décompose le trapèze en deux triangles ayant même hauteur h que le trapèze. Le premier a pour aire

$\frac{1}{2}$ AB $\times h$; le deuxième $\frac{1}{2}$ CD $\times h$. Donc le trapèze a pour aire $\frac{h}{2}$ (AB + CD) ou : $\frac{AB + CD}{2} \times h$. Donc : *l'aire du trapèze est égale à la demi-somme des bases multipliée par la hauteur.*

---

83. — La surface d'un trapèze ABCD a pour expression le produit de la hauteur AH par la demi-somme des bases, $\frac{AB + DC}{2}$. On connait AB = 10 mètres et DC = 16 mètres. La hauteur AH est l'un des côtés de l'angle droit d'un triangle rectangle ADH dont on connait l'hypoténuse AD = 5 mètres et l'autre côté de l'angle droit

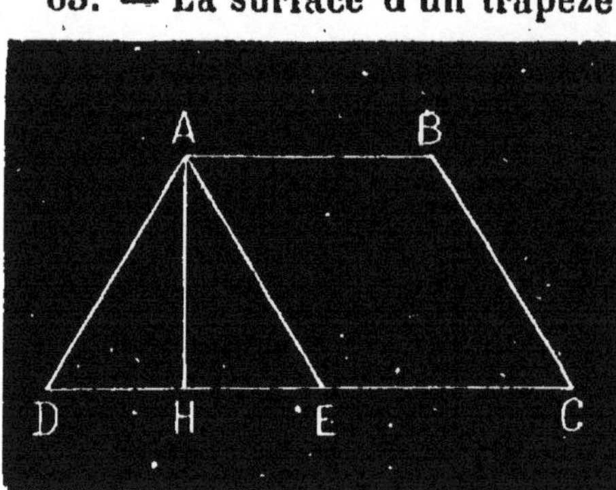

$$DH = \frac{DE}{2} = \frac{DC - EC}{2} = \frac{DC - AB}{2} = \frac{16 - 10}{2} = 3,$$

$$\overline{AH}^2 = \overline{AD}^2 - \overline{DH}^2 = 5^2 - 3^2 = 25 - 9 = 16,$$

$$AH = \sqrt{16} = 4.$$

Et alors

$$ABCD = \frac{AB + DC}{2} \times AH = \frac{16 + 10}{2} \times 4 = 13 \times 4 = 52 \text{ m. q.}$$

---

84. — $S = \frac{100 + 40}{2} \times AH$. Je mène AH et BI perpendiculaires à DC. Ces droites sont égales et les triangles rectangles ADH et BCI étant égaux, j'ai DH = CI. Par suite

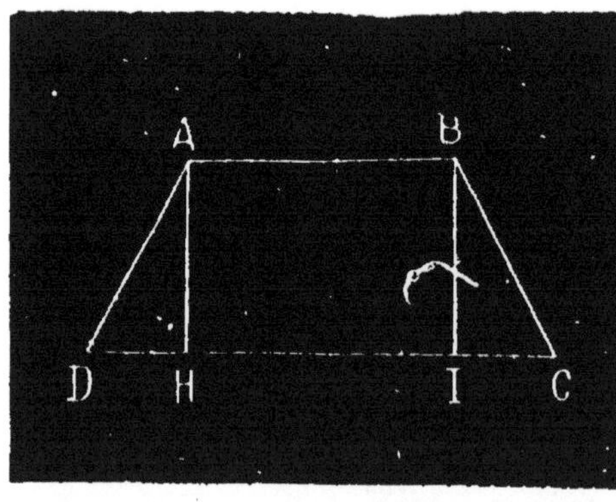

$$2\,DH + HI = DC,$$

ou

$$2DH + AB = DC,$$

d'où :

$$DH = \frac{DC - AB}{2} = \frac{100 - 40}{2} = 30.$$

Le triangle rectangle AHD donne

$$\overline{AH}^2 = \overline{AD}^2 - DH^2,$$

ou $\overline{AH}^2 = \overline{50}^2 - \overline{30}^2 = 2500 - 900 = 1600,$

et $AH = \sqrt{1600} = 40$ m.

Par suite $S = 70 \times 40 = 2800$ m. q

Un are est la surface d'un carré de 10 mètres de côté. Il équivaut à $\overline{10}^2 = 100$ mètres carrés.

Donc 2 800 mètres carrés valent 28 ares.

La surface du trapèze est de 28 ares.

---

89. — Dans la démonstration du théorème : *Les surfaces de deux triangles semblables sont entre elles comme les carrés des côtés homologues,* on arrive à la relation

$$\frac{S}{S'} = \frac{\overline{BC}^2}{\overline{B'C'}^2}.$$

Soit $BC = 52$ mètres

$B'C' = x$ mètres

$$S' = \frac{1}{2} S.$$

La relation ci-dessus donne

$$2 = \frac{\overline{52}^2}{x^2}$$

d'où $x^2 = \frac{\overline{52}^2}{2} = 1352$

$$x = \sqrt{1352} = 36^{m},76$$

---

90. — Soit le quadrilatère ABCD. Menons la diagonale BD, et par le point C la parallèle CH à cette diagonale jusqu'à sa rencontre avec AD en H.

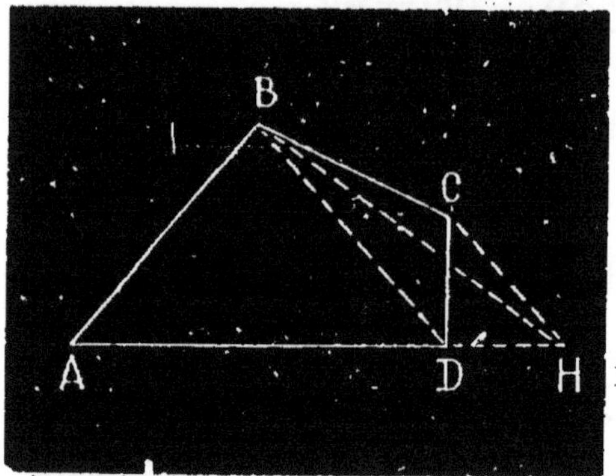

Les triangles BCD et BHD sont équivalents comme ayant même base BD et les hauteurs égales, la distance des deux parallèles CH et BD. Le quadrilatère ABCD est donc équivalent au triangle AHB.

---

91. — Soit le pentagone ABCDE. Par le point B menons la parallèle BH à la diagonale CA. Les triangles ABC et HAC ayant même base CA et même hauteur (la distance des parallèles BH et CA) sont équivalents. Il en résulte que le quadrilatère HCDE est équivalent au pentagone proposé.

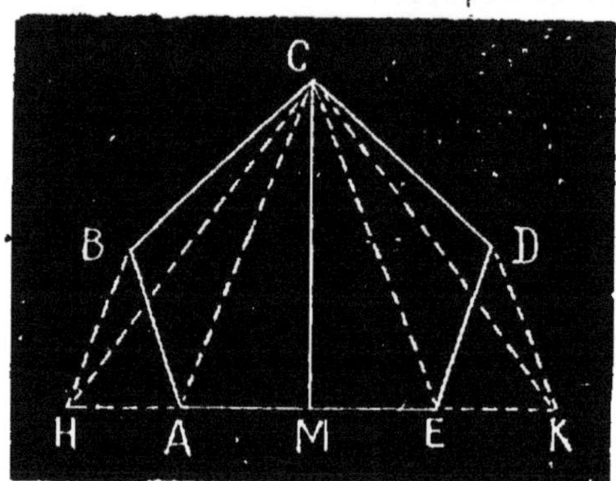

Menons de même DK parallèle à CE. Le triangle CKE étant équivalent à CDE, le pentagone ABCDE a même surface que le triangle HCK.

Désignons par x le côté du carré équivalent à HCK. La surface du triangle est $\frac{\text{HK} \times \text{CM}}{2}$; la surface du carré est x^2.

On est donc ramené à construire une longueur x telle que

$$x^2 = \text{HK} \times \frac{\text{CM}}{2}$$

c'est-à-dire que x est moyenne proportionnelle, entre HK et $\frac{\text{CM}}{2}$.

Pour construire cette moyenne proportionnelle, on porte successivement sur une droite indéfinie les longueurs $BK = AD$ et $\frac{CM}{2} = DB$. Sur AB comme diamètre décrivons une circonférence et par D élevons la perpendiculaire DM à AB.

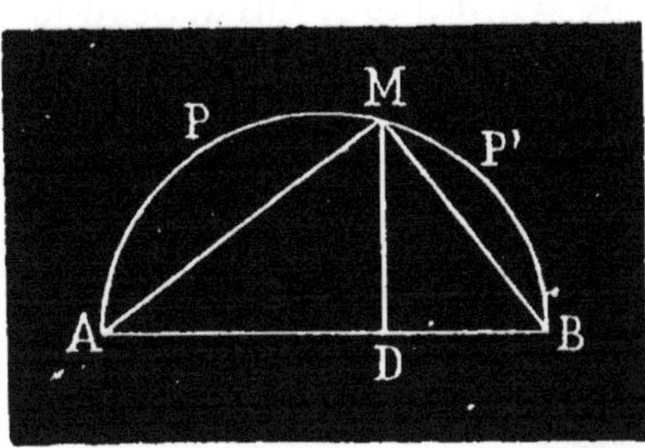

La longueur DM est égale au côté x cherché. En effet, dans le triangle rectangle AMB la hauteur DM est moyenne proportionnelle entre les deux segments AD et DB de l'hypoténuse. Donc

$$\overline{DM}^2 = AD \times DB = AD \times \frac{CM}{2} \text{ (ou DB)}.$$

---

92. — Les aires de deux polygones semblables sont entre elles comme les carrés des dimensions homologues. Si j'appelle d la diagonale du rectangle cherché, AC étant la diagonale du rectangle donné j'aurai :

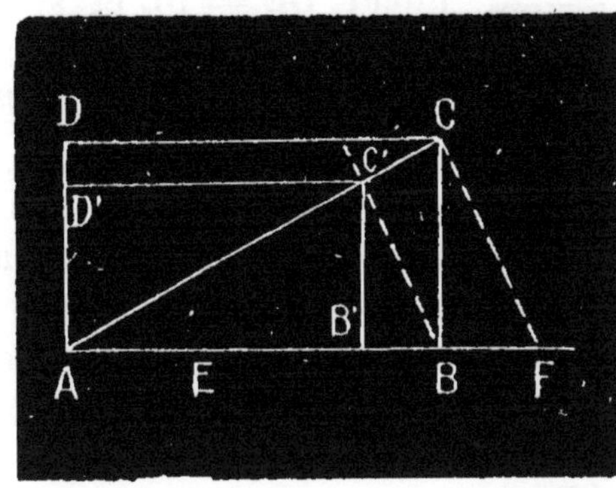

$$\frac{d^2}{\overline{AC}^2} = \frac{4}{9}$$

d'où
$$d = \frac{2}{3} AC.$$

Pour avoir la diagonale du rectangle cherché, il suffit donc de construire une droite qui soit les $\frac{2}{3}$ de AC ; pour cela par le point A je mène une droite quelconque, AB, par exemple, sur laquelle je porte 3 longueurs égales à la suite l'une de l'autre $AE = EB = BF$. Je joins FC et par le point B, second point de division, je mène une parallèle à FC. Elle coupe AC en C'. AC' est la diagonale demandée. On achève le rectangle en menant C'B' et C'D' parallèles respectivement à CB et CD.

---

93. — 1° L'aire du trapèze égale la la demi-somme des bases multipliée par la hauteur. Soit le trapèze ABCD; menons la diagonale AD qui le décompose en deux triangles, nous avons :

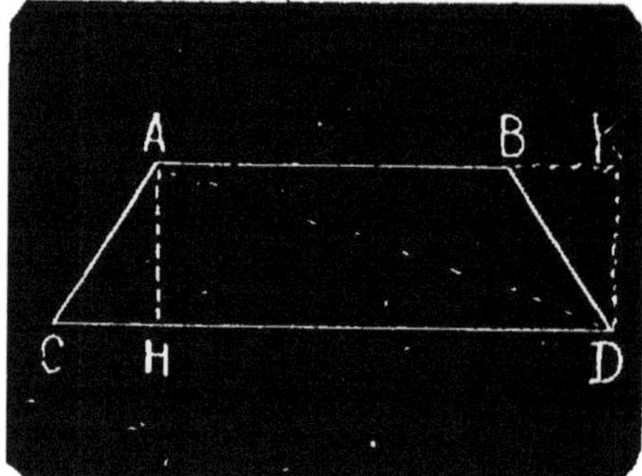

$$S = ABD + ACD =$$

$$= \frac{1}{2} CD \times AH + \frac{1}{2} AB \times DK =$$

$$= \frac{1}{2} h (AB + CD).$$

— Soit le trapèze ABCD, si l'on prolonge AB d'une longueur BE = DC et si l'on joint DE, on voit, à cause de l'égalité des triangles DCF et FBE que le trapèze est équivalent au triangle ADE. Or ce triangle a pour base AE (somme des bases du trapèze) et pour hauteur DH (hauteur du trapèze) sa surface est

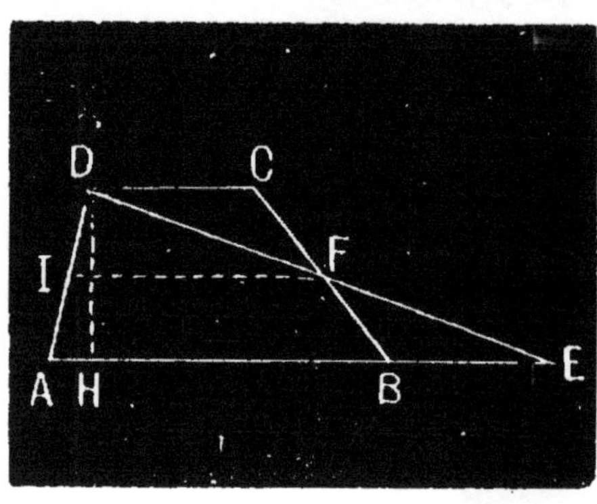

$$\frac{AE}{2} \times DH$$

et par suite celle du trapèze est

$$\frac{AB + CD}{2} \times DH.$$

2° L'aire du trapèze est égale à la base moyenne multipliée par la hauteur. Menons FI parallèle à AB par le milieu I de AD. Cette droite est égale à la moitié de AE. Or AE=AB+CD, on peut donc dire que la surface du trapèze est égale à celle du rectangle qui aurait pour base FI et pour hauteur celle du trapèze.

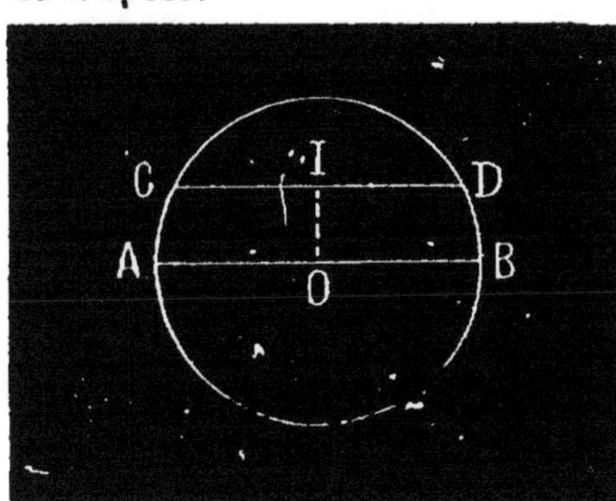

3° Surface : $ABCD = \frac{AB + CD}{2} \times 10$

Or

$$AB = 2R = 12$$
$$CD = R\sqrt{2} = 6 \times \sqrt{2} = = 8,4852$$
$$OI = \frac{CD}{2} = 4,2426.$$

D'où :

$$S = \frac{12 + 8,4852}{2} \times 4,2446 = 43\text{mq}, 4552\text{cmq}.$$

---

94. — Supposons la circonférence O partagée en six parties égales et soit MB la corde sous-tendant une de ces divisions. Je dis que MB est égal au rayon R de la circonférence. En effet, l'angle MOB vaut $\frac{4}{6} = \frac{2}{3}$ d'angle droit ; la somme des angles en M et B du triangle vaut $2 - \frac{2}{3} = \frac{4}{3}$ d'angle droit et comme ces angles sont égaux à cause de l'égalité des côtés OM, OB du triangle, il en résulte que chacun d'eux vaut $\frac{2}{3}$ de droit. Le triangle OMB est donc équilatéral et $BM = R$.

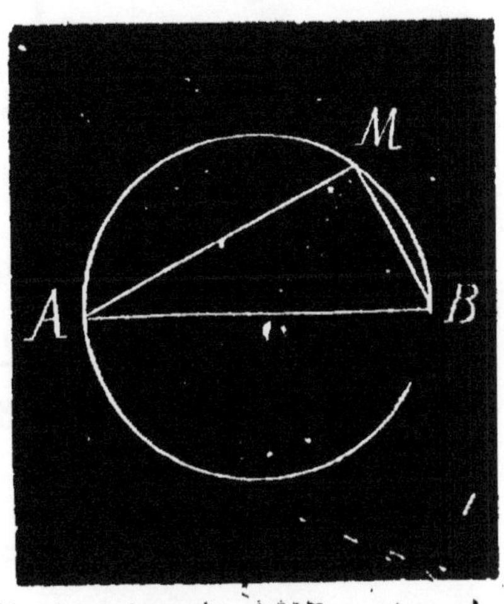

En joignant de deux en deux les points de division, on inscrit un triangle équilatéral dans la circonférence et AM en est le côté.

La valeur de ce côté se déduit du triangle AMB rectangle

en M (l'angle M est en effet inscrit dans une demi-circonférence). On a

$$\overline{AM}^2 = \overline{AB}^2 - \overline{BM}^2.$$

Or

$$AB = 2R \text{ et } MB = OM = R$$

donc

$$\overline{AM}^2 = 4R^2 - R^2 = 3R^2$$

$$AM = R\sqrt{3}.$$

Dans le cas actuel $R = 2$ et $AM = 2\sqrt{3}, = 3^m,464$, à un millième près.

---

95. — Soit AB le côté de l'hexagone régulier inscrit : on sait qu'il est égal au rayon (Voir pour la figure, la solution 97). Le triangle AOB est donc équilatéral et la surface de l'hexagone est égale à six fois celle du triangle AOB :

$$S = \frac{AB \times OC}{2} \times 6 = AB \times OC \times 3$$

or $\qquad AB = OB = 1 \text{ dm.}$

$$OC = \sqrt{\overline{OB}^2 - \overline{CB}^2} = \sqrt{\overline{OB}^2 - \frac{\overline{AB}^2}{4}} = \sqrt{\frac{4\overline{OB}^2 - \overline{AB}^2}{4}}$$

$$= \frac{OB\sqrt{3}}{2} = \frac{\sqrt{3}}{2} \text{ dm.}$$

Il vient en remplaçant :

$$S = \frac{3\sqrt{3}^{dmq}}{2} = \frac{5,20}{2} = 2^{dmq},60 \text{ à } \frac{1}{4} \text{ de cmq. près par excès.}$$

---

96. — Voir la solution 95 en remplaçant 1 décimètre par 1 mètre.

$$S = \frac{3\sqrt{3}}{2} \text{ mq.}$$

---

97. — Soit AB le côté de l'hexagone inscrit et A'B' celui de l'hexagone circonscrit.

Les triangles AOB et A'OB' étant semblables on a

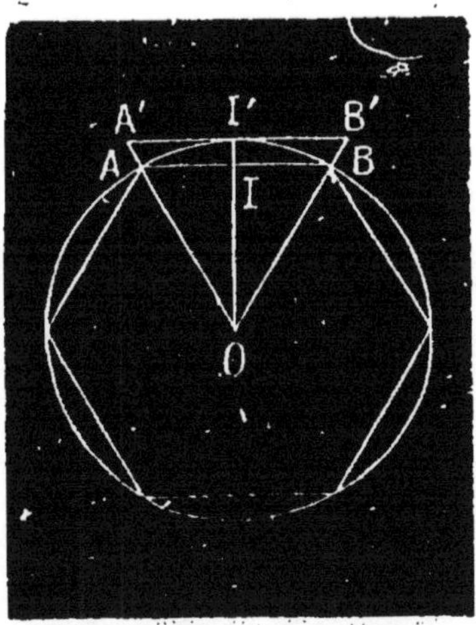

$$\frac{AB}{A'B'} = \frac{OA}{OA'} = \frac{OI}{OI'}$$

or

$$\overline{OI}^2 = \overline{OB}^2 - \overline{IB}^2 = R^2 - \frac{R^2}{4} = \frac{3R^2}{4}$$

$$OI = R, \; AB = R.$$

Donc

$$\frac{R}{A'B'} = \frac{\frac{R\sqrt{3}}{2}}{R} = \frac{\sqrt{3}}{2}$$

$$A'B' = \frac{2R}{\sqrt{3}}.$$

La surface de l'hexagone est égale à

$$6\;A'OB' = 6 \times \frac{A'B' \times OI'}{2} = 3 \times \frac{2R}{\sqrt{3}} \times R = 2R^2\sqrt{3}.$$

Les hexagones réguliers inscrits et circonscrits sont semblables ; donc leurs surfaces sont entre elles comme les carrés des dimensions homologues. Donc

$$\frac{\text{Hexagone circonscrit}}{\text{Hexagone inscrit}} = \frac{\overline{A'B'}^2}{\overline{AB}^2} = \frac{4R^2}{3R^2} = \frac{4}{3}.$$

---

98. — 1° Pour inscrire dans un cercle un octogone régulier on mène d'abord deux diamètres rectangulaires, ce qui partage la circonférence en quatre parties égales aux points A, B, C, D. On partage ensuite en deux parties égales chacun des quatre quadrants, et on a les sommets de l'octogone demandé.

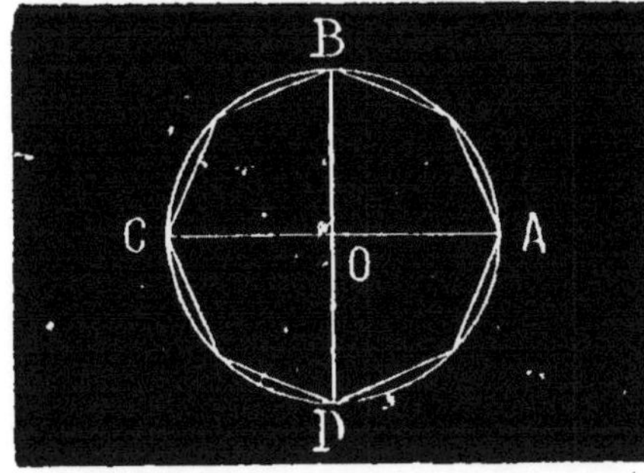

2° Le côté du carré inscrit dans le cercle de rayon R est $R\sqrt{2}$. On aura donc ici, pour la valeur demandée $\sqrt{2}$; ou, à un millième près,

$$1^m,414.$$

---

99. — Soit AB le côté du carré inscrit dans la circonférence donnée. Pour avoir le côté de l'octogone inscrit il suffit, comme on sait, d'abaisser OC perpendiculaire sur AB et de joindre AC.

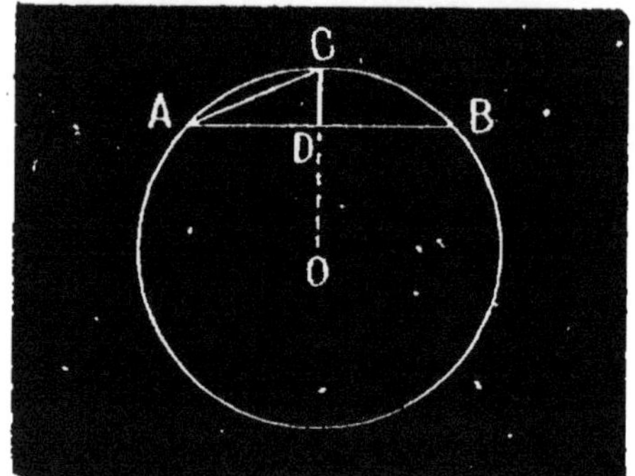

Or, AC est alors l'hypoténuse d'un triangle rectangle dont les deux côtés de l'angle droit sont AD et CD.

On a donc :

$$\overline{AC}^2 = \overline{AD}^2 + \overline{CD}^2.$$

Mais AD est la moitié du côté du carré et a pour expression $\frac{R\sqrt{2}}{2}$; CD est la différence entre le rayon et OD, et a pour expression

$$R - \frac{R\sqrt{2}}{2}, \text{ ou } \frac{2R - R\sqrt{2}}{2} \text{ ou } \frac{R(2 - \sqrt{2})}{2}.$$

Il résulte de là que :

$$\overline{AC}^2 = \frac{2R^2}{4} + \frac{R^2(2\sqrt{2})^2}{4}$$

Ou :

$$\overline{AC}^2 = \frac{2R^2}{4} + \frac{R^2(6 - 4\sqrt{2})}{4},$$

Ou :

$$\overline{AC}^2 = \frac{R^2(8 - 4\sqrt{2})}{4} = R^2(2 - \sqrt{2})$$

Par suite :

$$AC = R\sqrt{2 - \sqrt{2}}.$$

Mais dans le cas présent $R = 2$, donc le côté de l'octogone cherché a pour valeur

$$2^m \times \sqrt{2 - \sqrt{2}}$$

Ou : $2^m \times \sqrt{2 - 1{,}4142} = 2^m \times \sqrt{0{,}5858}$

Ou : $2 \times 0{,}76$

Ou enfin : $1^m{,}52$.

---

100. — La longueur de l'arc de 30° est le $\frac{1}{12}$ de la circonférence.

Le rayon étant égal à 1, la longueur $2\pi R$ de la circonférence a ici pour mesure 2π. Donc

$$\text{arc } 30^o = \frac{\pi}{6} = \frac{3{,}1416}{6} = 0{,}5236.$$

On peut aussi appliquer la formule connue $l = \frac{\pi R n}{180}$.

---

101. — Soit AB le côté de l'hexagone régulier inscrit dans le cercle de rayon R.

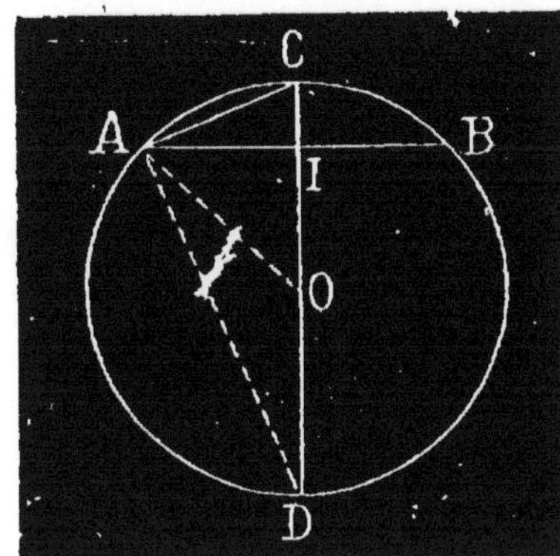

Je mène le rayon OC perpendiculaire à AB ; le point C est le milieu de l'arc AB, et la corde AC est le côté du dodécagone régulier. Je joins OA, et OD. Le triangle rectangle CAD donne

$$\overline{AC}^2 = 2R.\ CI.$$

Mais $CI = R - OI$, et le triangle rectangle AOI donne

$$\overline{OI}^2 = R^2 - \overline{AI}^2 = R^2 = \frac{R^2}{4} - \frac{3R^2}{4}$$

par suite

$$OI = \frac{R\sqrt{3}}{2} \text{ et } CI = R - \frac{R\sqrt{3}}{2} = \frac{R\,(2 - \sqrt{3})}{2}$$

D'où

$$\overline{AC}^2 = 2R.\frac{R(2-\sqrt{3})}{2}, \overline{AC}^2 = R^2(2-\sqrt{3})$$

enfin

$$AC = R\sqrt{2-\sqrt{3}}.$$

Faisant R = 1, on trouve

$$AC = \sqrt{2-\sqrt{3}} = 0{,}51.$$

---

106. — Le volume d'une pyramide est égal au tiers du produit de sa base par sa hauteur. La surface de la base est celle d'un hexagone régulier d'un mètre de côté.

Si l'on joint les sommets de l'hexagone au centre O du cercle circonscrit, on obtient six triangles équilatéraux, égaux entre eux. La surface d'un de ces triangles OAB est égale à

$$\frac{1}{2} AB \times OI, \text{ OI étant l'apothème.}$$

Or

$$\overline{OI}^2 = \overline{AO}^2 - \overline{AI}^2 = 1 - \frac{1}{4} = \frac{3}{4}.$$

Donc

$$\frac{1}{2} AB \times OI = \frac{1}{2}\frac{\sqrt{3}}{2} = \frac{\sqrt{3}}{4}.$$

La surface de l'hexagone de base est $\frac{6 \times \sqrt{3}}{4} = \frac{3\sqrt{3}}{2}$ et le volume de la pyramide a pour mesure

$$\frac{1}{3} \times \frac{3\sqrt{3}}{2} \times 3 = \frac{3\sqrt{3}}{2} = 2^{mc},598.$$

---

107. — Soit R le rayon cherché, la hauteur sera 2R et la surface latérale

$$2\pi R \times 2R = 4\pi R^2.$$

On a donc $4\pi R^2 = 30.000$ millimètres carrés, d'où

$$R = \sqrt{\frac{30.000}{4\pi}} = \sqrt{\frac{7.500}{\pi}} \text{ en millimètres.}$$

Or $\frac{1}{\pi} = 0{,}31830$ (pour retrouver cette valeur, on emploie le moyen mnémonique : les 3 journées de 1830). Si on prend pour $\frac{1}{\pi}$ la valeur 0,3183, l'erreur commise est $<0{,}00001$, donc en multipliant par 7.500, l'erreur commise sera $<0{,}07500 <0{,}1$. On est donc ramené à extraire la racine carrée à une unité près de la partie entière du produit $7.500 \times 0{,}3183$, car on sait que la racine, à une unité près, d'un entier plus une fraction est égale à la racine à 1 près de l'entier.

On trouve 48 millimètres, valeur du rayon cherché.

---

110. — La surface d'une sphère de rayon R est $4\pi R^2$.

La surface demandée, évaluée en mètres carrés, est donc :

$$4 \times 3{,}1416 \times 127^2 = 202683\text{mq},46$$

ou 20 hectares 26 ares 83 centiares.

---

111. — 1° La sphère est un solide terminé par une surface courbe dont tous les points sont situés à égale distance d'un point intérieur nommé centre.

La sphère peut être considérée comme engendrée par la révolution d'un demi-cercle tournant autour de son diamètre, car, dans ce mouvement, un point quelconque de la surface formée est toujours à la même distance du centre qui reste fixe.

On nomme rayon de la sphère toute droite allant du centre à la surface.

2° La surface de la sphère est égale à la surface de quatre grands cercles.

Or, l'expression de la surface d'un cercle est πR^2.

Donc celle de la surface de la sphère est $4\pi R^2$.

Par suite, dans le cas présent, on a :

$$4\pi R^2 = 10.000 \text{ m. carrés.}$$

D'où :

$$R^2 = \frac{10.000}{4\pi} \text{ ou } R^2 = \frac{10.000}{4 \times 3,1416}.$$

Ou :

$$R^2 = \frac{2.500}{3,1416}$$

D'où l'on tire, en extrayant la racine :

$$R = \frac{50}{\sqrt{3,1416}} = \frac{50}{1,772}$$

Ou enfin : $R = 28^m,21.$

---

112. — Une sphère de diamètre 2 a pour surface $S = \pi 2^2$ et pour volume $V = \frac{1}{6}\pi 2^3$.

Une sphère de diamètre 3 a pour surface $S' = \pi 3^2$ et pour volume $V' = \frac{1}{6}\pi 3^3$, d'où

$$\frac{S}{S'} = \frac{2^2}{3^2} = \frac{4}{9} \text{ et } \frac{V}{V'} = \frac{2^3}{3^3} = \frac{8}{27}.$$

PHYSIQUE

113-114-115-116-117. — Lorsqu'on abandonne à la même distance du sol et au même instant des corps de nature ou de formes différentes comme une balle de plomb, un morceau de liège, une feuille de papier, on constate qu'ils mettent, pour venir rencontrer le sol, des temps très différents. Ces différences sont dues uniquement à la résistance de l'air, c'est ce que prouve l'expérience suivante :

Tube de Newton. — Un tube de verre ayant environ 2 mètres de long et fermé à ses deux extrémités par des montures en cuivre contient divers corps tels que des grains de plomb, des morceaux de papier, des barbes de plume, etc. On fait le vide dans ce tube en adaptant sur la machine pneumatique la monture à robinet qui est à l'une des extrémités ; puis, après avoir fermé le robinet, on saisit le tube et on le retourne brusquement. On constate que *tous les corps* arrivent *au même instant* à l'extrémité inférieure du tube. Si l'on ouvre le robinet pour laisser rentrer un peu d'air, et qu'on recommence l'expérience, on voit le papier et les barbes de plume rester en arrière sur le plomb ; le retard est d'autant plus marqué qu'on a laissé rentrer plus d'air, d'où la loi : *Dans le vide tous les corps tombent avec la même vitesse.*

Puisque tous les corps prennent dans le vide, sous l'influence de la pesanteur, des mouvements identiques, il suffit d'étudier les lois de la chute pour un *seul corps*. Mais la détermination directe de ces lois par une expérience qui consisterait à mesurer les espaces parcourus au bout de temps successifs par un corps tombant dans le vide présenterait des difficultés pratiques que l'on conçoit sans peine. On a eu recours à divers artifices, en particulier à la machine d'Atwood, à l'appareil du général Morin et au plan incliné. (*La machine d'Atwood étant seule portée au programme nous ne nous occuperons que de cet appareil*).

Machine d'Atwood. — On trouvera la description de cet instrument dans tous les traités de physique. Disons seulement qu'il a pour but de réduire l'intensité de la pesanteur dans un rapport connu. Deux poids égaux P sont attachés à un fil flexible et inextensible par l'intermédiaire d'une poulie à frottement presque nul. Un poids additionnel placé sur l'un de ces poids détermine le mouvement du système $2P+p$; le poids additionnel de forme allongée peut d'ailleurs être retenu par un curseur annulaire qui se fixe à volonté en un point déterminé d'une règle verticale graduée le long de laquelle se déplace le système $P + p$. Cette règle porte un curseur plein que l'on peut aussi fixer. Le long de la colonne de support se trouve un compteur à secondes pour la mesure du temps.

Loi des espaces. — On dispose par tâtonnements le curseur plein sur l'échelle, de manière que l'on entende le bruit que produit sur lui la chute du poids au moment où résonne le battement de la première seconde. On trouve ainsi la longueur du chemin parcouru l pendant la première seconde. On recommence en disposant le curseur à des distances l' et l'' telles qu'il s'écoule 2 et 3 secondes entre le moment où le poids commence à descendre et celui où l'on entend le bruit de sa chute contre le curseur plein. L'expérience montre que l'on a

$$l' = 4l = 2^2 \times l.$$
$$l'' = 9l = 3^2 \times l.$$

Les espaces parcourus sont donc proportionnels aux carrés des temps employés à les parcourir.

Loi des vitesses. — On peut définir la vitesse dans un mouvement varié, en disant qu'elle est la vitesse du mouvement uniforme qui succéderait au mouvement varié, si la force qui produit ce dernier mouvement cessait d'agir. Pour trouver la loi des vitesses, on dispose sur l'appareil un curseur annulaire à une position telle que la masse P, chargée de la masse additionnelle p, mette une seconde pour y arriver en partant du zéro de l'échelle. A ce moment la masse additionnelle p, est arrêtée, et P prend un mouvement uniforme avec la vitesse qu'elle possédait au bout d'une seconde de chute. Si l'on place en dessous le curseur plein à une distance telle que P emploie juste une seconde à parcourir l'espace qui le sépare du curseur annulaire, l'intervalle des deux curseurs est égal à $2l$ et il représente la vitesse du mouvement qu'a pris P, c'est-à-dire la vitesse acquise après une seconde de chute. On recommence en déplaçant le curseur annulaire jusqu'à ce qu'il s'écoule deux secondes entre l'instant du départ et celui où la masse additionnelle est arrêtée ; comme précédemment, on met en dessous le curseur plein, de façon que P franchisse en une seconde l'intervalle qui le sépare du curseur annulaire ; la distance des deux curseurs se trouve égale à $4l$. La vitesse acquise après deux secondes de chute est double de la vitesse au bout d'une seconde ; *la vitesse est donc proportionnelle à la durée de la chute.*

La loi des espaces et la loi des vitesses dans la chute des corps étant exactement celles qui caractérisent un mouvement uniformément accéléré, *la pesanteur qui produit un tel mouvement est donc une force constante en grandeur et en direction.*

D'après la loi des espaces, on a $e = lt^2$, et d'après la loi des vitesses, $v = 2lt$. On a trouvé que $2l = g$, par suite les formules de la chute des corps sont

$$e = \frac{1}{2} gt^2,\ v = gt.$$

Le nombre g, variable avec la latitude et l'altitude du lieu considéré, est, à Paris, $9^m,8088$.

SOLUTION

118. — La formule à appliquer $e = \frac{1}{2}gt^2$ donne $t^2 = \frac{2e}{g}$, d'où

$t = \sqrt{\frac{2e}{g}}$; ici $e = 100^m$, $g = 9{,}8088$, d'où $t = \sqrt{\frac{200}{9{,}8088}}$ soit : 4 secondes, 5.

SOLUTION

119. — Le mouvement d'un corps lancé de bas en haut étant uniformément retardé, les formules à employer sont $e = v_0t - \frac{1}{2}gt^2$ et $v = v_0 - gt$. Quand le corps atteint le plus haut point de sa course, sa vitesse est nulle, et l'on a

$v_0 - gt = o$, d'où $t = \frac{v_0}{g}$. Le corps met donc à monter un temps égal à $\frac{v_0}{g}$. Substituant cette valeur de t dans la première équation, on trouve $e = \frac{v_0^2}{g} - \frac{v_0^2}{2g}$ ou $e = \frac{v_0^2}{g}$.
Faisant $v_0 = 100^m$ et $g = 9,8088$, on trouve

$$e = \frac{100}{9,8088} = 10^m,19.$$

120-121-122-123-124. — *Lorsqu'un corps est plongé dans un liquide, il éprouve de la part de ce liquide une poussée verticale dirigée de bas en haut, égale au poids du liquide déplacé et appliquée au centre de gravité du liquide déplacé.* C'est ainsi que s'énonce le principe d'Archimède.

Ce principe a été démontré *théoriquement* par Stewin.

Démonstration expérimentale. — On suspend sous un des plateaux d'une balance hydrostatique un cylindre creux et au-dessous un cylindre plein dont le volume extérieur est égal au volume intérieur du cylindre creux. On équilibre le système par une tare placée dans l'autre plateau. On descend alors la crémaillère de manière à faire plonger le cylindre plein dans l'eau. L'équilibre est rompu, accusant une diminution apparente du poids des cylindres. Si, à l'aide d'une pipette, l'on vient à remplir d'eau le cylindre creux, on reconnaît que l'équilibre est rétabli dès que ce cylindre est complètement plein de liquide. La diminution apparente de poids était donc égale au poids du liquide déplacé.

La même démonstration réussit, quel que soit le liquide.

On peut la modifier de façon à l'appliquer à un corps solide de forme quelconque (Dispositif de M. Boudréaux).

Le principe d'Archimède a des applications très importantes. Il permet de trouver les conditions d'équilibre des corps flottants ; il sert de base à une des méthodes de détermination des poids spécifiques connue sous le nom de *méthode de la balance hydrostatique*.

On appelle *poids spécifique* d'un corps le poids de l'unité de volume de ce corps. Soit P le poids du corps de volume V et de poids spécifique D.

On a $P = VD$, d'où $= D = \frac{P}{V}$; il suffit donc de déterminer P et V.

1° *Cas des solides.* — Le corps est pesé par la méthode de la double pesée, d'où P. On le tare, puis on le plonge dans l'eau ; pour rétablir l'équilibre, il faut ajouter p, poids du volume liquide déplacé ; or, p, dans le système d'unités adopté, est représenté par le nombre même qui représente le volume du corps, donc $p = V$.

2° *Cas des liquides.* — On suspend sous le plateau de la balance hydrostatique un solide inattaquable par l'eau et par le liquide. On tare, on descend le corps dans le liquide ; pour rétablir l'équilibre, il faut ajouter P, poids d'un volume liquide égal au volume du corps. On répète la même manipulation en plongeant le corps dans l'eau ; il faut ajouter p, qui comme précédemment, est égal à V.

125-126. — Les aréomètres à volume constant sont des corps flottants qui servent à déterminer d'une façon approchée les poids spécifiques des solides (Aréomètre de Nicholson) ou des liquides (aréomètre de Fahrenheit).

Aréomètre de Nicholson. — Il se compose d'un cylindre métallique creux terminé en haut et en bas par deux cônes. Il porte à sa partie supérieure une tige surmontée d'un petit plateau A, sur la tige est marqué un trait nommé trait d'affleurement T et à la partie inférieure est suspendue une petite corbeille lestée par de la grenaille de plomb.

Pour déterminer la densité d'un solide insoluble dans l'eau on fait trois opérations successives :

1° Le solide est placé sur le plateau supérieur ; on amène l'affleurement en ajoutant de la grenaille de plomb.

2° On retire le solide ; on le remplace par des poids marqués P de façon à reproduire l'affleurement. P représente le poids du solide dans l'air.

3° On enlève les poids P et on place le corps dans la corbeille inférieure. On est obligé d'ajouter des poids p pour reproduire l'affleurement. Ces poids p représentent le poids de l'eau déplacée.— Le poids spécifique cherché est donc $\frac{P}{p}$.

Cas particuliers. — 1° Corps solides plus légers que l'eau. Retourner la corbeille inférieure. 2° Corps solides solubles dans l'eau. — On prend leur poids spécifique par rapport à un liquide dans lequel ils sont insolubles.

Aréomètre de Fahrenheit. — Même disposition générale que le précédent ; il est en verre. Soient π le poids de l'aréomètre, P les poids qu'il faut ajouter pour produire l'affleurement dans un liquide quelconque, p les poids qu'il faut ajouter pour produire l'affleurement dans l'eau, la densité du liquide est $\frac{P+\pi}{p+\pi} = \frac{P}{p}$.

127-128-129. — *Pression atmosphérique.* — L'expérience du crève-vessie et celle des hémisphères montrent que l'atmosphère exerce des pressions sur les surfaces des corps qui y sont plongés. Il s'agit de mesurer ces pressions.

Expérience de Torricelli. — Torricelli prit un tube d'environ 1 mètre de longueur qu'il remplit complètement de mercure et plongea dans la cuve à mercure après l'avoir retourné. Il constata que le mercure restait soulevé dans le tube à une hauteur de 76 centimètres environ. Il en conclut que l'air atmosphérique exerce sur le niveau libre du mercure une pression égale à celle qu'exerce une colonne de mercure de 76 centimètres de hauteur.

Expériences de Pascal et de Périer. — Ces expériences qui consistaient à répéter celle de Torricelli soit avec des liquides différents, soit avec un même liquide, mais à des altitudes différentes, confirmèrent les idées de Torricelli.

Conclusion. — On peut donc mesurer la pression exercée par l'air atmosphérique au moyen de la colonne d'un liquide soulevé par cet air dans un tube fermé à l'une de ses extrémités et vide de gaz. Un tel appareil se nomme baromètre.

Différentes sortes de baromètres.— Un baromètre à cuvette est un appareil de Torricelli (tube plein de mercure renversé sur une cuvette contenant le même liquide) disposé de manière à permettre de mesurer à chaque instant la valeur exacte de la pression atmosphérique.

On citera, comme baromètres à cuvette, les suivants: Baromètre à siphon ; baromètre à goutte ; baromètre à cadran ; baromètre de Gay-Lussac avec le perfectionnement de Bunten ; *baromètre de Fortin*, baromètre normal.

On construit des baromètres métalliques dont le jeu est fondé sur l'élasticité des métaux (baromètre de Bourdon, baromètre de Vidie).

Usages. — Le baromètre permet d'étudier les variations de la pression atmosphérique. Il sert dans toutes les études de la météorologie dynamique. On l'emploie aussi pour mesurer les hauteurs.

---

130 à 133. — *Loi de Mariotte*. — Les volumes occupés par une même masse gazeuse, la température restant constante, sont en raison inverse des pressions.

Si V et H sont le volume et la pression primitifs, V_1 et H_1, le second volume et la seconde pression de la même masse gazeuse, on a donc

$$\frac{V}{V_1} = \frac{H_1}{H}$$

ou encore $VH = V_1H_1$

Vérification. A.— *Pressions supérieures à une atmosphère*. On prend un tube recourbé, la grande branche ouverte, la petite fermée. Cette dernière est partagée en parties d'égal volume; l'autre en parties d'égale longueur. On verse du mercure dans la grande branche, en enfermant un peu d'air dans la petite. Les divisions permettent de lire le volume de l'air ; la différence des niveaux donne la pression. On ajoute du mercure jusqu'à ce que le volume ait diminué de moitié ; on constate que la pression a doublé, ce qui vérifie la loi.

B. — *Pressions inférieures à une atmosphère* : On opère avec le tube à cuvette profonde. On enferme un peu d'air dans le tube, et on l'enfonce jusqu'à ce que le niveau soit le même dans le tube et dans la cuvette. La pression de l'air est alors égale à la pression atmosphérique. On soulève le tube, la pression de l'air diminue, le mercure monte ; on soulève jusqu'à ce que le volume occupé primitivement par l'air ait doublé on constate que sa pression est devenue moitié moindre, ce qui vérifie la loi.

Expériences de Regnault. — Regnault a fait des expériences très précises qui lui ont permis de vérifier que les gaz ne suivent pas exactement la loi de Mariotte, surtout pour de grandes variations de pression. La description de ces expériences se trouve dans tous les traités de physique.

---

134. — La machine pneumatique sert à diminuer la pression d'un gaz renfermé dans un réservoir. Pour diminuer la pression, il faut augmenter le volume du gaz. Soit V le volume du réservoir, H la pression du gaz. On met le récipient en communication avec le volume v. La pression devient H, donnée par la loi de Mariotte :

$$VH = (V + v) H_1$$

d'où

$$H_1 = \frac{V}{V + v} H.$$

Un corps de pompe C est en communication avec le récipient R ; lorsque le piston se soulève, l'air pénètre dans C ;

lorsque le piston s'abaisse, une soupape ferme la communication de C avec R ; en même temps, une autre soupape se soulève pour permettre la sortie de l'air contenu dans C.

La machine constituée par un seul corps de pompe étant d'une manipulation fatigante, on lui a substitué une machine à deux corps de pompe dont les pistons sont mus par le même levier.

Après chaque coup de piston, la pression dans le récipient est réduite dans le rapport $\frac{V}{V+v}$. Après le n^{me} coup de piston, la pression, du gaz est donc devenue

$$H_n = \left(\frac{V}{V+v}\right)^n H.$$

Théoriquement, la pression doit devenir nulle après un nombre indéfini de coups de piston.

La machine pneumatique ne peut arriver à faire le vide parfait, c'est-à-dire à réduire à 0 la pression d'un gaz dans un récipient, cela tient aux imperfections dues à la construction de la machine (Espace nuisible).

Pièces accessoires de la machine : platine, manomètre, robinet destiné à laisser rentrer l'air dans les corps de pompe tout en maintenant le récipient isolé. Perfectionnement de Babinet.

135-136. — Quand on soulève le piston d'une pompe aspirante, on établit au-dessous de lui un vide. La pression atmosphérique s'exerçant alors sur la surface libre de l'eau la fait monter dans le corps de pompe et soulever la soupape inférieure. Quand on abaisse le piston, la soupape inférieure se referme, et la pression de l'eau fait ouvrir les soupapes supérieures.

Le liquide peut monter dans le tuyau jusqu'à une hauteur telle que la pression soit la même à l'intérieur et à l'extérieur du tuyau sur deux surfaces égales d'une même branche horizontale. Or la pression à l'extérieur est égale à celle d'une colonne de mercure de 760 millim. Si donc, dans la pompe, se trouve du mercure, il pourra s'élever aussi, en supposant la machine parfaite, jusqu'à une hauteur de 760 millim., au-dessus du niveau extérieur.

---

137 à 140. — On prend un tube capillaire bien calibré. On s'assure du calibrage en y promenant un petit index de mercure qui doit conserver partout la même longueur.

A l'une des extrémités de ce tube on a soufflé aux dépens de la paroi un petit réservoir, et à l'autre extrémité on a soudé une ampoule terminée par une pointe effilée et fermée.

On brise la pointe, et après avoir chauffé légèrement le réservoir et l'ampoule pour chasser l'air, on l'introduit sous le mercure qui monte dans l'ampoule lorsqu'elle se refroidit. On redresse l'instrument et on remplit peu à peu le réservoir de mercure, en le chauffant et le laissant ensuite refroidir. On fait bouillir le mercure pour chasser l'air et l'humidité, on enlève l'ampoule et on ferme à la lampe.

Détermination des points fixes :

On détermine la position du zéro en plongeant l'appareil dans la glace fondante, et celle du point 100 dans une étuve remplie de vapeur d'eau à la pression atmosphérique. On attend, dans les deux cas, assez longtemps pour que le mercure soit stationnaire.

Si la pression atmosphérique n'est pas 76 cm., on fait la correction du point 100 en partant de ce que la température d'ébullition de l'eau varie de 1° pour une variation de pression de 27 mm.

Graduation. — La position des points 100 et 0 étant ainsi déterminée, on divise l'intervalle (0—100) en 100 parties égales, au moyen de la machine à diviser.

---

141. — On appelle *calorie* la quantité de chaleur nécessaire pour échauffer de 0° à 1° un kilogramme d'eau.

Si l'on mélange 1 kilogramme d'eau à 0° avec un kilogramme d'eau à 2°, la masse prend une température de 1° ; ainsi un kilogramme d'eau, en se refroidissant de 2° à 1°, dégage une calorie ; inversement il faudrait donc une calorie pour chauffer un kilogramme d'eau de 1° à 2°, c'est-à-dire deux calories pour chauffer l'eau de 0° à 2°. De même, si l'on mélange un kilogramme d'eau à 0° avec un kilogramme d'eau à 4°, la masse prend une température de 2° ; le kilogramme d'eau qui se refroidit de 4° à 2° dégage donc la quantité de chaleur nécessaire pour chauffer de 0° à 2° l'autre kilogramme d'eau, c'est-à-dire deux calories ; par suite, il faut deux calories pour chauffer un kilogramme d'eau de 2° à 4° et quatre calories pour le porter de 0° à 4°. Donc, pour échauffer l'eau de 1°, il faut toujours la même quantité de chaleur, quelle que soit la température dont on parte, au moins pour des températures inférieures à 60° ou 80°.

Si, au lieu de mêler ensemble un kilogramme d'eau à 0° avec un kilogramme d'eau à 10°, par exemple, ce qui donnerait une température finale de 5°, nous remplaçons l'eau à 10° par un kilogramme de mercure à cette température, nous trouvons que le mélange prend une température très peu supérieure à 0°. La chaleur n'agit donc pas de la même façon sur le mercure que sur l'eau. On appelle *chaleur spécifique* d'un corps le nombre de calories nécessaires pour élever de 1° la température d'un kilogramme de ce corps. — Pour déterminer la *chaleur spécifique* d'un corps, on se sert de la *méthode des mélanges*.

Un poids P de la substance dont on cherche la chaleur spécifique x est plongé, à la température T, dans un poids p d'eau à la température t ; le corps et l'eau arrivent bientôt à une température commune θ que l'on observe, et d'où l'on conclut aisément la chaleur spécifique x. En effet, pour 1 degré d'abaissement de température, 1 kilogramme du corps cède x calories ; le poids P donnera donc Px calories, et pour un abaissement de $T - \theta$ degrés, il donnera $Px(T - \theta)$. D'autre part, pour chaque élévation de température de 1°, le poids p d'eau gagne p calories, et pour une élévation de $\theta - t$ degrés, $p(\theta - t)$. En égalant la chaleur gagnée par l'eau à la chaleur perdue par le corps, on a l'équation

$$Px(T - \theta) = p(\theta - t) ;$$

d'où l'on tire x.

---

143. — Un liquide introduit dans le vide émet instantanément des vapeurs. Pour le démontrer, on place sur une même cuve à mercure, deux tubes barométriques A et B; dans l'un d'eux B on introduit un liquide, de l'eau par exemple. Le niveau du mercure baisse de B en B'. Il s'est formé dans la chambre barométrique de B une vapeur dont la force élastique est f.

La pression de l'air atmosphérique étant supposée égale à H est mesurée par le baromètre sec A ; la pression sur le niveau de mercure dans la cuve est $H = h + f$, h étant la hauteur du mercure dans B. Alors $f = H - h$.

Si on augmente la quantité du liquide introduit en B, une nouvelle vaporisation se produit et la force élastique f augmente. Au delà d'une certaine quantité de liquide introduite, une nouvelle addition ne produit plus d'augmentation de la force élastique. On dit alors que l'espace est saturé de vapeur ; la vapeur est saturante. Une vapeur saturante est donc une vapeur en contact avec un excès du liquide générateur.

La force élastique d'une vapeur saturante est indépendante du volume offert à la vapeur (Démonstration par une expérience sur la cuvette profonde).

La force élastique de la vapeur saturante est dite force élastique maxima ; elle croît avec la température.

A 0° l'eau émet déjà des vapeurs, dont on peut trouver la force élastique par le procédé de Gay-Lussac. On place sur une même cuve à mercure deux tubes barométriques dont l'un B est recourbé. On introduit par l'ouverture de l'eau à l'aide d'une pipette courbe. Puis on refroidit B dans un mélange réfrigérant ; l'eau vaporisée se condense en B et s'y congèle ; la glace produite émet des vapeurs dont la force élastique est mesurée par la différence des niveaux dans les tubes A et B.

144-145. — Le passage d'un liquide à l'état de vapeur avec production de bulles gazeuses au sein du liquide constitue le phénomène de l'ébullition.

Lois de l'ébullition. — 1° Pour un même liquide soumis à une même pression, l'ébullition se produit toujours à une même température.

2° La température demeure invariable pendant tout le temps de l'ébullition.

3° La température d'ébullition d'un liquide varie avec la pression qu'il supporte. — Un liquide n'entre en ébullition qu'à une température telle que la tension de sa vapeur soit égale à la pression qu'il supporte. Or, la tension de vapeur croît ou décroît avec la température. Donc, si on diminue la pression exercée sur un liquide, la température d'ébullition s'abaisse (ébullition de l'eau dans le vide à la température ordinaire. Bouilleur de Franklin) ; si on augmente la pression, la température d'ébullition s'élève (marmite de Papin).

L'ébullition ne se produit pas facilement dans un liquide complètement privé de gaz. M. Donny a montré que l'eau bouillie dans un tube parfaitement purgé d'air pouvait être portée à 135° sans que l'ébullition se produise. M. Gernez a fait voir que l'introduction d'une bulle de gaz dans le sein d'un liquide surchauffé en déterminait immédiatement l'ébullition.

---

146 à 150. — Lorsqu'on approche une sphère C électrisée d'un cylindre métallique isolé AB muni de doubles pendules à fil conducteur, on voit tous les pendules, sauf un au milieu, diverger. On constate qu'un plan d'épreuve chargé de l'électricité de C attire les pendules de la région près de laquelle il est placé, et repousse les autres. Lorsqu'on enlève

C ou qu'on le décharge, tous les pendules retombent. C'est que sous l'influence de C, le fluide neutre de AB est décomposé, l'électricité de signe contraire à C est attirée en A, celle de même signe repoussée en B jusqu'à ce que l'action séparatrice de C soit équilibrée par l'attraction des électricités A et B. En M, au milieu, est la ligne neutre de séparation des deux fluides, qui se recombinent lorsque l'influence de C disparait.

Les électroscopes sont, ainsi que leur nom l'indique, des appareils destinés à *constater* la présence de l'électricité et à en *déterminer la nature.*

L'électroscope à *feuilles d'or* se compose d'une tige de métal terminée à sa partie supérieure par une boule, et à sa partie inférieure par deux lames d'or très légères ; cette tige est fixée dans la tubulure d'une cloche de verre couverte d'un vernis isolant ; elle est elle-même isolée de la cloche. L'appareil repose sur un plateau métallique qui porte, en face des lames d'or, deux tiges métalliques destinées à augmenter la sensibilité de l'appareil. On y introduit du chlorure de calcium pour dessécher l'air intérieur.

Principe : les molécules d'un même fluide se repoussent; les molécules de fluides de nom contraire s'attirent.

1° Pour savoir si un corps est électrisé, on l'approche de la boule qui termine la tige ; si les feuilles d'or divergent, le corps est chargé d'électricité ; la divergence des feuilles d'or cesse quand on éloigne le corps électrisé ; l'appareil revient à l'état *neutre.*

2° Pour savoir de quelle électricité un corps est chargé on commence par charger l'appareil d'une électricité connue : positive, par exemple (au moyen d'un bâton de résine électrisé négativement) ; les feuilles d'or divergent. On approche ensuite *lentement* de la boule le corps dont on veut connaître l'électricité : si les feuilles se rapprochent, le corps est chargé d'électricité de nom contraire à celle de l'appareil (*négative* dans notre hypothèse) ; si la divergence augmente, le corps et l'appareil sont chargés de la même électricité.

Précaution à prendre pour que l'expérience soit concluante : Approcher lentement le corps de l'appareil.

---

151 à 154. — La machine électrique classique est la machine à plateau de verre de Ramsden. Elle se compose essentiellement d'un plateau de verre qu'on fait tourner autour d'un axe horizontal qui le traverse en son centre, et que l'on fait mouvoir à l'aide d'une manivelle. Ce plateau, en tournant, glisse à frottement dur entre des coussins enduits d'or massif. Une galerie conductrice isolée est supportée par le pied de l'appareil et se termine à ses deux extrémités par des mâchoires entre lesquelles vient passer le disque dans sa rotation. Ces mâchoires sont garnies de pointes métalliques tournées vers le disque de verre, mais sans contact avec lui.

Théorie élémentaire. — Le frottement du coussin développe sur le verre de l'électricité positive ; par la rotation, les portions électrisées du verre arrivent en présence des pointes dont sont garnies les deux mâchoires. Cette électricité positive décompose alors par influence l'électricité neutre du conducteur, et repousse dans les parties éloignées l'électricité positive, tandis qu'elle attire, au contraire, l'électricité négative. Cette électricité négative s'échappe par les pointes et, venant se recombiner avec l'électricité positive du plateau de verre, remet ces parties à l'état neutre, de sorte que, lorsqu'elles arrivent entre les coussins suivants, elles sont de nouveau aptes à s'électriser. Le même phénomène se reproduit à chaque tour du plateau, et le conducteur se charge ainsi d'électricité positive.

Limite de charge. — La quantité d'électricité augmente à chaque tour du plateau, mais non pas indéfiniment. La limite *théorique* est obtenue quand la tension des conducteurs est égale à celle du plateau de verre ; *pratiquement*, la machine n'atteint pas cette limite à cause de la déperdition.

---

155. — *Principe fondamental de la condensation.*— Lorsque, à l'aide d'un conducteur M, on établit la communication entre un plateau métallique A isolé et une machine électrique donnant de l'électricité, positive par exemple, il arrive un moment où une particule électrique *m* du conducteur, éprouvant de la part de l'électricité de la machine et de celle du plateau des répulsions égales, reste en équilibre. Alors le plateau a atteint sa *limite de charge* pour les conditions de l'expérience.

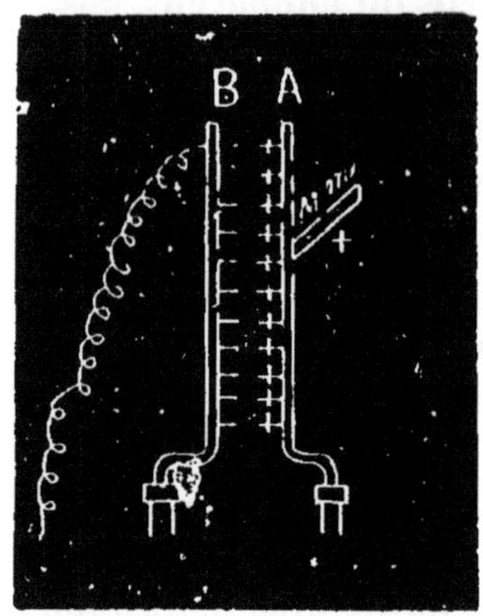

Si l'on approche de A un plateau analogue B communiquant avec le sol, le fluide neutre de B est décomposé par influence, et de l'électricité négative est attirée sur la face qui regarde A. Cette électricité agit à son tour sur le fluide positif de A pour l'accumuler sur la face de A qui regarde B. Elle agit également sur le système formé par la machine et le plateau A, d'où il résulte une diminution dans la répulsion exercée par A sur la molécule *m* et les particules voisines ; et par suite le plateau A se charge d'une nouvelle quantité d'électricité positive.

Condensateur à lame de verre. — Pour accroître la condensation, on applique les deux plateaux A et B contre une plaque de verre vernie à la gomme laque ; on diminue ainsi la distance des plateaux sans que la combinaison des deux fluides contraires qui les chargent s'effectue en général à cause de la résistance offerte par le verre.

Force condensante. — C'est, pour un condensateur déterminé, le rapport de la charge que la machine peut communiquer au plateau collecteur (plateau A) quand il fait partie du condensateur, à celle qu'elle donnerait à ce même plateau employé seul.

Bouteille de Leyde. — Elle reproduit les parties essentielles du condensateur à plateaux. La paroi d'un flacon de verre mince remplace la lame isolante. L'un des plateaux est remplacé par des feuilles d'or ou de clinquant, contenues dans le flacon et au milieu desquelles plonge une tige métallique terminée en pointe à la partie inférieure et maintenue dans le goulot par une matière isolante. L'autre plateau est constitué par une feuille d'étain collée sur la surface extérieure de la bouteille et la garnissant jusqu'aux trois quarts environ de sa hauteur.

Pour charger la bouteille, on la tient à la main, ce qui met l'armature extérieure en communication avec le sol, puis on fait communiquer l'armature intérieure à l'aide de la tige avec une machine électrique.

La décharge instantanée d'un condensateur s'obtient en faisant communiquer les deux armatures au moyen d'un corps conducteur.

Batteries électriques. — Elles sont formées par la réunion de *jarres*, c'est-à-dire de grosses bouteilles de Leyde, placées dans une caisse de bois dont l'intérieur, garni d'une feuille d'étain, met en communication toutes les armatures extérieures des bouteilles. On fait communiquer toutes les armatures intérieures par des tiges métalliques qui convergent vers une même sphère de cuivre. On charge la batterie en mettant cette sphère en communication avec une machine électrique, et réunissant au sol la feuille d'étain au moyen d'une chaîne métallique.

Remarque. — Dans un condensateur, c'est surtout sur le corps isolant que résident les fluides développés.

---

156. — *Paratonnerre.* — L'atmosphère est toujours chargée d'électricité ; ce fait fut constaté pour la première fois par Dalibard vers 1730, plus tard Franklin et de Romas lançaient dans l'air un cerf-volant armé d'une pointe métallique et communiquant par sa corde avec un conducteur métallique

isolé. — Le conducteur se chargeait par influence d'électricité de même nom que celle du point de l'air où se trouvait le cerf-volant.

D'après des expériences plus récentes, lorsque le ciel est serein, l'électricité de l'air est positive. Si le ciel est couvert, on constate que les nuages sont tantôt chargés d'électricité positive, tantôt d'électricité négative ; l'éclair est une étincelle électrique jaillissant entre un nuage électricisé et la terre, ou entre deux nuages orageux. — Pour garantir les édifices des effets désastreux de la foudre, Franklin imagina de les armer d'un paratonnerre, lequel se compose d'une barre métallique élevée (tige) reliée avec le sol par un conducteur métallique. Supposons qu'un nuage orageux, chargé d'électricité positive, vienne à passer au-dessus de l'édifice ; il appelle par influence de l'électricité négative qui, s'échappant par la pointe du paratonnerre, vient neutraliser la charge du nuage. En même temps l'électricité positive est refoulée à l'autre extrémité du conducteur du paratonnerre ; il faudra donc que celui-ci soit en communication avec des corps de très grande surface, conduites de gaz, d'eau ou cours d'eau.

Détails de construction de la tige du paratonnerre — du conducteur qui doit être relié à toutes les pièces métalliques de l'édifice, (dans tous les taités de physique).

Paratonnerre de Melsens (id).

157-159. — *Pile de Volta.* — On superpose successivement un disque de zinc, une rondelle de drap imbibée d'eau acidulée, et un disque de cuivre ; on répète cette disposition un certain nombre de fois ; le zinc inférieur est le pôle négatif de la pile, le cuivre supérieur est le pôle positif. — Inconvénients de cette pile : Le liquide s'écoule le long de la colonne, les rondelles ne sont plus imbibées et la pile ne marche plus. — Modifications de la pile de Volta. — Pile à auge ; pile à couronne, pile de Wollaston, pile de Munch, pile à hélice.

— Inconvénient général des piles à un seul liquide. Le courant traversant le liquide de la pile, le décompose ; l'hydrogène provenant de la décomposition de SO^4H^2 par le courant se porte sur le cuivre ; l'intensité du courant produit diminue rapidement.

Piles à deux liquides. — Dans ces piles cet inconvénient est évité. La pile de Daniell se compose d'un vase poreux contenant une dissolution de sulfate de cuivre, dans laquelle plonge la lame de cuivre servant de pôle positif. — Ce vase poreux est placé dans un vase plus grand, contenant de l'eau acidulée et une lame de zinc qui est le pôle négatif. L'action du courant décomposera les liquides de la pile : 1° Acide sulfurique donnera H^2 qui se portera sur le pôle positif ; 2° $Cu\,SO^4$ produira Cu qui se portera sur le cuivre qui sert de pôle + et SO^4 qui ira vers le pôle —, mais qui, rencontrant H^2 donnera H^2SO^4.

Avantages. — Cette pile est sensiblement constante si la solution de sulfate de cuivre conserve la même composition. Les diverses piles à deux liquides sont des modifications de la pile de Daniell. — Pile de Bunsen. — Le pôle positif est un morceau de charbon de cornue plongeant dans de l'acide azotique ; le pôle négatif est une lame de zinc plongeant dans l'eau acidulée par l'acide sulfurique.

---

160. — On peut produire un courant électrique par plusieurs moyens.

1° *Au moyen d'une pile* ;

2° *Par induction* ;

3° *Au moyen des appareils thermo-électriques.*

Dans ces trois cas, l'énergie nécessaire à la production du courant est empruntée : soit à une réaction chimique exothermique, soit à un moteur fournissant du travail, soit à une source de chaleur (Insister sur ce point en donnant des exemples dans chaque cas, mais en ne donnant que peu de détails et évitant les développements accessoires et les descriptions d'appareils).

Pour constater qu'un courant passe dans un circuit fermé, on peut produire à l'aide de ce courant divers phénomènes :

Si l'on ne peut ouvrir le circuit pour y interposer un conducteur, on pourra souvent, à l'aide d'une dérivation, constater dans un conducteur fin des phénomènes calorifiques, ou si le courant est assez intense, des phénomènes d'électrolyse.

En tout cas, le conducteur, ou s'il ne se prête pas par sa forme à des expériences, la dérivation, permettra de voir si une aiguille aimantée subit une déviation ; si l'aiguille aimantée ne donnait rien, on aurait recours au galvanomètre interposé dans la dérivation ou au téléphone. Avec cet appareil, en établissant puis rompant les communications, on aurait des « tac » caractéristiques.

Si le conducteur s'y prêtait par sa forme, on pourrait tenter d'aimanter un fer doux, ou lui faire produire dans un autre conducteur fermé comprenant un galvanomètre des phénomènes d'induction.

---

161 à 164. — L'action d'un courant électrique sur un composé chimique qu'il traverse est une action de décomposition.

Si dans un vase à pied, traversé à sa partie inférieure par deux fils de platine en communication avec les pôles d'une pile (voltamètre), on verse de l'eau, on constate que le liquide est décomposé. — L'oxygène O se porte au pôle + et l'hydrogène H au pôle négatif. — Le volume d'H est double du volume d'O (Analyse de l'eau par Carlisle et Nicholson).

Le courant décompose de même la plupart des composés binaires. Dans une coupelle de potasse caustique reposant sur une lame de platine en communication avec le pôle + on verse du mercure qui communique par un fil avec le pôle négatif. La potasse est décomposée par le courant; le potassium formé au pôle — s'unit au mercure pour donner un amalgame de potassium (Découverte du potassium par Davy).

Même décomposition est observée sur les sels oxygénés. — Le métal se porte au pôle par où le courant sort du liquide décomposé (él ctrolyte) ; la partie non métallique à l'autre pôle.

Applications. Galvanoplastie. — Un moule rendu conducteur par une couche de plombagine est placé au pôle — au sein d'une solution métallique ; l'électrode + est formée du métal qui entre dans la solution. Par le passage du courant, l'électrolyte est décomposée ; le métal se dépose sur le moule et un poids équivalent du métal + se dissout dans le liquide.

Dorure. — L'électrode + est une lame d'or, l'électrolyte est une solution de cyanure double d'or et de potassium.

Argenture. — L'électrode + est une lame d'argent ; l'électrolyte est une solution de cyanure double d'argent et de potassium.

---

165 à 167. — Œrsted remarqua le premier, en 1820, que, si l'on fait passer un courant électrique dans le voisinage d'une aiguille aimantée, celle-ci est déviée de sa position d'équilibre et tend à se mettre en croix avec le courant. Ampère a montré que le sens de la déviation peut toujours être prévu au moyen de la règle suivante : si l'on suppose un observateur couché sur le fil que traverse le courant, et dans une position telle que, regardant l'aimant, le courant lui entre par les pieds, il verra toujours le pôle nord (ou austral) de l'aimant dévié vers sa gauche.

Quand on veut étudier l'action d'un courant sur un aimant, il est commode, pour amplifier les effets, d'employer le multiplicateur de Schweigger ; c'est un cadre de bois ou de métal au centre duquel on place l'aiguille aimantée et sur lequel on enroule, toujours dans le même sens et un grand nombre de fois, le fil que traverse le courant. Toutes les spires agissant dans le même sens, leurs effets s'ajoutent, et il est facile de démontrer que les différentes parties du cadre produisent également le même effet. Pour cela, il suffit d'appliquer à chaque partie la loi d'Ampère.

La force terrestre agit d'autant plus énergiquement sur l'aiguille aimantée que celle-ci est plus écartée du méridien magnétique. Il y aura donc généralement une certaine déviation pour laquelle l'équilibre existera entre l'action du courant et celle de la terre ; la connaissance de cette position permet d'évaluer *l'intensité magnétique* du courant.

L'instrument qu'on emploie le plus souvent pour la mesure des courants a reçu le nom de *galvanomètre*. Il se compose d'un multiplicateur traversé par un courant ; mais pour diminuer l'action directrice de la terre sur l'aimant et obtenir de plus grandes déviations, on fait usage de deux aiguilles opposées, formant un système presque *astatique*. L'une des aiguilles *ab* est au centre du multiplicateur, l'autre au contraire *b'a'* est en dehors. On montre facilement, au moyen de la loi d'Ampère, que les effets des diverses parties du cadre sur le système des deux aiguilles s'ajoutent. On peut admettre que jusqu'à une déviation de 30° l'intensité du courant est proportionnelle à la déviation des aiguilles. Au delà de 30° on se sert d'une table qui indique l'intensité correspondant à une déviation quelconque. Pour construire cette table, M. Becquerel a imaginé d'enrouler à la fois autour du multiplicateur deux fils distincts. On fait passer dans le premier fil un courant qui donne une déviation α moindre que 25°, puis dans le second fil un second courant de même sens qui donne une déviation α'. Si l'on fait passer maintenant les deux courants à la fois dans chacun des fils, on observe une déviation δ qui correspond à l'intensité $\alpha + \alpha'$. En faisant varier les intensités primitives α et α', on pourra déterminer ainsi l'intensité qui correspond à une déviation quelconque.

169-170-171. — Si l'on enroule en hélice un fil métallique autour d'un tube de verre dans lequel on a placé une aiguille d'acier, et si pendant quelques instants on fait passer dans le fil un courant suffisamment intense, on constate que l'aiguille est aimantée. Le pôle austral se forme à l'extrémité devant laquelle il faut se placer pour que le sens des courants circulaires paraisse inverse de celui du mouvement des aiguilles d'une montre.

On conçoit alors qu'un barreau de fer doux, environné d'un fil conducteur enroulé en spirale sur une bobine, se comporte comme un aimant pendant que le fil est parcouru par un courant et retombe à l'état neutre lorsque le courant est interrompu. C'est là le principe de la construction des électro-aimants. Ils sont formés par une barre de fer doux courbée en fer à cheval, dont les deux branches sont placées dans des bobines sur lesquelles s'enroule un même fil de cuivre recouvert de soie. Afin que les deux bobines aient des actions concordantes, l'enroulement du fil est tel que si l'on redressait la barre en superposant les deux bobines par leurs bases supérieures, l'hélice de l'une soit la continuation de l'hélice de l'autre. On place généralement entre l'électro-aimant et son contact une plaque de carton, afin de diminuer l'intensité et la durée du magnétisme rémanent.

Sonneries électriques. — Elles fournissent une application simple des électro-aimants. — En face des extrémités des branches d'un électro-aimant, on dispose une pièce de fer doux L portant un marteau M et supportée par une lame élastique fixée en C. Au repos, cette pièce écartée de A et B appuie contre le ressort *r* que l'on fait communiquer avec l'un des pôles d'une pile. La partie C communique avec l'une des extrémités du fil de l'électro-aimant, l'autre extrémité communiquant avec l'autre pôle de la pile. Lorsque le circuit est fermé, le passage du courant à travers *r*, L, C et le fil des bobines, a pour effet d'aimanter l'électro-aimant et la lame L est attirée en A, B. Comme elle s'éloigne de *r*, le circuit est interrompu, l'électro-aimant n'attire plus la palette que la lame élastique fixée en C ramène au contact de *r*;

alors la palette est attirée de nouveau et ainsi de suite. A chaque mouvement vers A,B le marteau M frappe un coup sur le timbre T ; il se produit ainsi une sonnerie.

Télégraphie électrique. — Les systèmes le plus généralement employés se composent : 1° d'une pile ; 2° d'une ligne télégraphique ; 3° d'un manipulateur ; 4° d'un récepteur.

La pile placée au bureau expéditeur, est soit une pile Bunsen, soit une pile Marié-Davy.

La communication entre les points en correspondance, s'établit à l'aide d'un fil de fer galvanisé partant du pôle positif de la pile et se rendant au récepteur. On supprime le fil de retour pour ramener le courant au pôle négatif, en faisant communiquer ce pôle et le récepteur avec la terre.

Manipulateur. — Système Morse. — En appuyant sur la poignée P, la pointe *t* du levier K vient porter sur la pièce *b* communiquant avec le pôle + de la pile, le courant passe tant que dure la pression ; lorsque la pression cesse, le ressort *r* relève le levier, le courant est interrompu.

Récepteur. — Système Morse. — Le levier DA mobile autour de *o* reproduit les mouvements du levier du manipulateur. En A, perpendiculairement au plan de la figure est une barre de fer doux. Lorsque le courant passe dans l'électro-aimant E dont le fil communique d'une part avec la ligne et d'autre part avec la terre, le bras OV se relève et la pointe V produit un trait sur une bande de papier entraînée entre les deux cylindres *a*, *b* mus par un mouvement d'horlogerie. La longueur du trait dépend de la durée du courant. Lorsque le courant est interrompu, le ressort *r* éloigne la pointe V du papier. En combinant les traces (. et —) que peut donner la pointe V, on arrive à constituer un alphabet.

---

172. — Dans le téléphone de Bell, le transmetteur, identique au récepteur, se compose d'une plaque mince en fer derrière laquelle est fixée une tige aimantée portant une bobine de fil métallique isolé dont le prolongement établit la communication entre les deux postes.

Les impulsions communiquées par la voix à la plaque du transmetteur la rapprochent et l'éloignent alternativement de la tige aimantée et en font varier le magnétisme. Il se produit alors dans le fil des bobines des courants induits de sens alternés qui, augmentant ou diminuant le magnétisme de l'aimant du récepteur, en rapprochent ou en éloignent la plaque de fer qui reproduit ainsi les mouvements de la plaque du transmetteur.

Le téléphone conserve la hauteur et le timbre des sons, mais l'appareil n'est vraiment pratique qu'en y adjoignant le microphone de Hughes. Le téléphone actuellement en usage n'est qu'une combinaison du téléphone proprement dit et du microphone. Voir dans les traités de physique la description du système Ader.

173-176. — Le son est produit par les *vibrations* d'un corps quelconque, solide, liquide ou gazeux. On désigne sous le nom de vibrations une série de mouvements alternatifs se succédant à des intervalles égaux.

Le son est transmis à l'oreille par l'intermédiaire d'un autre corps en contact avec le corps sonore (Expérience de la sonnette agitée dans le vide).

Les sons se distinguent les uns des autres par trois qualités principales qui sont : l'*intensité*, le *timbre*, la *hauteur*.

L'*intensité* du son dépend de la grandeur de la force vive du mouvement que reçoit l'oreille.

Le *timbre* est la qualité qui permet aux sons de même hauteur d'être distingués les uns des autres quand ils sont produits par des corps sonores de nature différente. Le timbre dépend de la superposition de plusieurs mouvements vibratoires (harmoniques).

La *hauteur* du son est due au nombre de vibrations. Si deux corps effectuent dans le même temps le même nombre de vibrations, les sons produits sont de même hauteur ; si les vibrations sont plus rapides, le son est plus haut.

On mesure donc la hauteur du son par le nombre des vibrations exécutées par le corps sonore. Ce nombre de vibrations se mesure lui-même par plusieurs procédés : la roue dentée de Savart; la sirène, etc.

---

174. — Le son se propage dans l'air avec une vitesse finie. Les premières méthodes qui ont été employées pour mesurer cette vitesse sont fondées sur le principe suivant : A une station A, on produit simultanément un signal sonore et un signal lumineux. La vitesse de la lumière étant très grande (300.000 kilomètres par seconde), on peut admettre que l'instant de la perception du signal lumineux à une seconde station B distante de quelques kilomètres coïncide avec celui de sa production en A. L'intervalle de temps t qui sépare l'instant de la sensation lumineuse de celui de l'impression sonore est alors égal à celui que le son a mis pour se propager de A en B ; si l est la distance AB exprimée en mètres, la vitesse du son par seconde sera $\frac{l}{t}$.

Les expériences fondées sur cette méthode ont été faites en 1822 entre Villejuif et Montlhéry. Elles étaient croisées, c'est-à-dire que l'on prenait successivement chacune des stations comme point de départ, afin de corriger les erreurs dues à l'influence du vent.

La vitesse du son varie avec la température, et l'état hygrométrique de l'air. La vitesse à 0^0 dans l'air sec a été trouvée égale à 330^m par seconde. Ce nombre résulte de diverses séries d'expériences entreprises par Regnault à l'aide de méthodes différentes de celle que nous avons exposée plus haut.

---

175. — La vitesse du son dans les liquides est beaucoup plus considérable que dans l'air.

En 1827, Colladon et Sturm ont, dans des expériences faites sur le lac de Genève, trouvé que la vitesse du son dans l'eau est de 1435 mètres par seconde, à la température de 8^0. Cette vitesse est donc le quadruple de la vitesse du son dans l'air.

Voici comment Colladon et Sturm ont opéré : A l'extrémité d'un bateau, une cloche était fixée et pouvait recevoir le choc d'un marteau. A une distance de 13487 mètres un cornet acoustique était suspendu à l'extrémité d'un autre bateau. A l'instant précis où le marteau frappait la cloche, une mèche reliée au marteau venait enflammer un tas de poudre. Ainsi l'observateur du second bateau pouvait observer le temps qui s'écoulait entre le moment où il recevait l'impression lumineuse produite par l'inflammation de la poudre et celui où le son lui arrivait à l'oreille. Le temps observé fut de 9 secondes, 4.

La vitesse du son par seconde était donc :

$$V = \frac{13487}{9,4} = 1435 \text{ mètres.}$$

Ces résultats ont été confirmés depuis par des expériences encore plus précises, mais qui sont en dehors du programme.

---

177 à 182. — Lois de la réflexion de la lumière. — 1° *Le rayon incident et le rayon réfléchi sont dans un même plan qui contient la normale.*

2° *L'angle de réflexion est égal à l'angle d'incidence.*

Ces deux lois se démontrent par l'appareil de Silbermann; ou, d'une manière plus précise, à l'aide de l'expérience du bain de mercure.

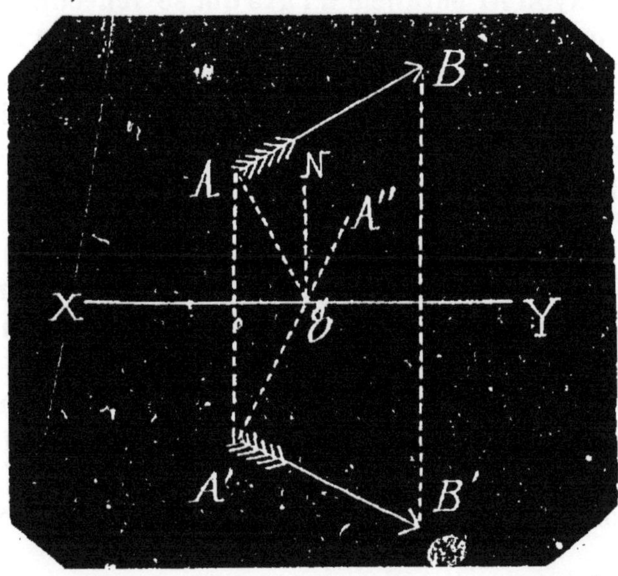

De ces deux lois on déduit aisément que si un point lumineux est placé devant une surface plane réfléchissante, on en voit une image A' symétrique de A par rapport au miroir;

et, par conséquent, si un objet AB est placé devant un miroir plan XY, il se forme de cet objet une image A'B' symétrique par rapport au miroir.

On peut aussi déduire de là que si un point lumineux B est placé sur l'axe d'un miroir sphérique concave, tous les rayons qui en émanent viennent, après réflexion, concourir en un point B' qui est dit l'image du point B. Si B est à l'infini, son image est en un

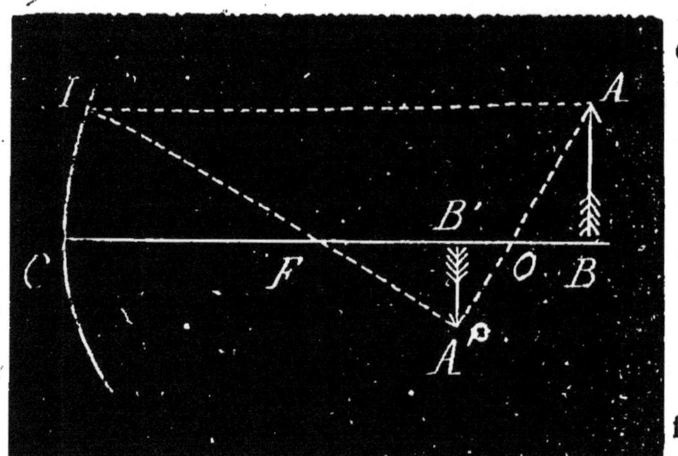

point F, situé au milieu de OC et qu'on appelle *foyer principal* (O est le centre du miroir). Pour construire l'image d'un petit objet lumineux AB, on cherche l'image A' de A. Pour cela on mène le rayon AI parallèle à l'axe qui se réfléchit en passant par F; puis l'axe secondaire qui rencontre IF en A', image de A. D'ailleurs on démontre que l'image d'un petit objet linéaire perpendiculaire à l'axe est elle-même (approximativement) linéaire et perpendiculaire à l'axe. Donc l'image de AB sera A'B'.

183-184. — Un miroir sphérique concave est une portion de surface de sphère, dont la concavité est polie et, par conséquent, réfléchissante. Un tel miroir est limité par un cercle qui est la *base* du miroir; la perpendiculaire abaissée du centre de la sphère sur le plan de ce cercle est l'*axe principal* du miroir.

Dans un miroir sphérique concave, les rayons lumineux

parallèles à l'axe principal se réfléchissent en passant tous par un point fixe de l'axe qu'on nomme le *foyer principal*. Pour démontrer ce fait, il n'y a qu'à appliquer au miroir en question les lois de la réflexion.

Quand un point lumineux est situé sur l'axe principal d'un miroir concave, tous les rayons lumineux qu'il émet viennent, après réflexion, se couper en un même point de l'axe, point qu'on nomme le *foyer conjugué* du point lumineux.

Si le point lumineux est au foyer principal, les rayons réfléchis sont parallèles à l'axe, — le foyer conjugué est à l'infini. Si le point lumineux est entre le foyer principal et le centre du miroir, le foyer conjugué est de l'autre côté du centre. Si le point lumineux est au centre, le rayon réfléchi coïncide avec le rayon incident, et le foyer conjugué se confond avec le point lumineux. Si le point lumineux est au-delà du centre, le foyer conjugué est entre le centre et le foyer principal.

Dans les différents cas que nous venons d'examiner, le foyer est *réel*, c'est-à-dire que si l'on y place un écran, ce foyer devient visible de tous les points situés autour de lui.

Il peut arriver, dans certains cas, au contraire, que les prolongements seuls des rayons lumineux vont se couper au foyer, alors ce foyer ne peut être reçu sur un écran, il est dit *virtuel*. Ceci se présente quand le point lumineux est situé entre le foyer et le miroir.

Quand le point lumineux est situé en dehors de l'axe principal, son image se forme sur une droite menée par ce point et le centre, et que l'on nomme *axe secondaire*. On détermine le foyer dans ce cas au moyen des rayons émanant du point parallèlement à l'axe et passant, après réflexion, par le foyer principal.

Ce que nous venons de dire suffit pour concevoir la nature et la position des images données par les miroirs concaves.

1° Quand l'objet est au-delà du centre, l'image est réelle, renversée et plus petite que l'objet ; 2° quand l'objet est au centre, l'image est réelle, renversée et égale à l'objet ; 3°

quand l'objet est entre le centre et le foyer, l'image est réelle, renversée et plus grande que l'objet ; 4° quand l'objet est placé entre le foyer principal et le miroir, l'image est virtuelle et plus grande que l'objet.

---

185. — Soit AB l'objet placé devant le miroir CM dont le centre est O et le foyer F. Je mène par le point A le rayon AM parallèle à l'axe principal BC. Ce rayon se réfléchit en passant par le foyer F ; je mène l'axe secondaire AO. L'image du point A devra se trouver à la fois sur MF et sur AO. Elle sera donc à l'intersection A′ de ces deux droites ; par suite l'image de AB sera A′B′.

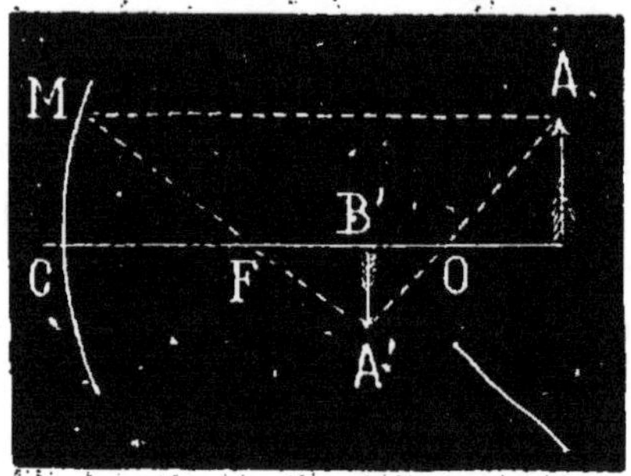

Il existe entre les distances p et p' de l'objet et de l'image au miroir et la distance focale f la relation :

$$\frac{1}{p}+\frac{1}{p'}=\frac{1}{f}$$

d'où

$$\frac{1}{p'}=\frac{1}{f}-\frac{1}{p}.$$

Comme p est, par hypothèse, positif, p' sera positif, et par suite l'image sera réelle, tant que

$\frac{1}{f}-\frac{1}{p}$ est lui-même positif.

Donc il faut avoir

$$\frac{1}{f}-\frac{1}{p}>0$$

ou $$p-f>0$$

d'où $$p>f.$$

Donc l'image sera réelle tant que l'objet réel sera à une distance du miroir plus grande que la distance focale. Elle sera, au contraire, virtuelle quand l'objet réel sera placé entre le miroir et le foyer.

---

187. — 1° *Définition.* — La loupe est une lentille convergente, donnant des objets une image virtuelle, droite et agrandie.

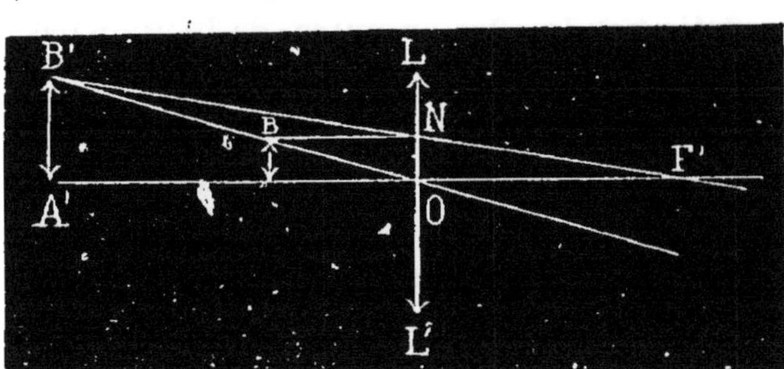

2° *Marche des rayons.* — Soient LL' la loupe ; FF' l'axe principal, F et F' les 2 foyers principaux, AB l'objet. Pour donner une image virtuelle, droite et agrandie, il doit être placé entre le foyer F et la lentille. On a alors l'image A'B' en menant l'axe secondaire BO et le rayon BN parallèle à l'axe qui se réfracte suivant F'N en passant par le foyer F'.

3° *Grossissement.* — On a en le désignant par G :

$$G = \frac{p'}{p}$$

Or $p' = -D$ (D désignant la distance minima de la vision distincte) p est alors donné par la formule :

$$\frac{1}{p} + \frac{1}{p'} = \frac{1}{f}$$

dans laquelle $p' = -D$. D'où

$$\frac{1}{p} = \frac{1}{f} + \frac{1}{D} = \frac{D+f}{fD},$$

d'où :

$$G = \frac{D+f}{f} = 1 + \frac{D}{f}.$$

188-189. — Si l'on fait tomber sur un prisme un faisceau de lumière solaire, ce faisceau est dévié et se rapproche généralement de la base du prisme. Mais on observe en même temps un autre phénomène : en recevant le faisceau réfracté sur un écran blanc, on voit sur celui-ci, non une image circulaire blanche, mais une bande allongée dans le plan d'incidence. Cette bande offre en outre, de haut en bas, la succession de couleurs suivante :

Rouge, orangé, jaune, vert, bleu, indigo, violet.

Le *rouge* est le moins dévié. C'est ce qui constitue le *spectre solaire*, et la transformation de lumière blanche en rayons colorés est la *dispersion de la lumière.*

Newton, qui a étudié le premier la dispersion de la lumière, admet que la lumière blanche est formée par la superposition de rayons de diverses couleurs. Ces rayons sont simples, c'est-à-dire indécomposables en d'autres rayons présentant une autre couleur ; de plus, les rayons de diverses couleurs n'ont pas le même indice de réfraction par rapport à la même substance. Newton a prouvé l'exactitude de son hypothèse en montrant : 1° que les différentes couleurs du spectre sont simples et inégalement réfrangibles ; 2° qu'en réunissant ces mêmes couleurs, on obtient de la lumière blanche.

En employant une fente très étroite, Fraunhofer a reconnu que le spectre solaire est sillonné de bandes ou raies noires dont la position est fixe. La présence de ces raies indique que la lumière émise par le soleil ne passe pas d'une manière continue par toutes les teintes. Si l'on porte devant la fente un corps solide ou liquide porté à l'incandescence, on aperçoit un spectre continu sans aucune raie noire. Si au contraire, la lumière est émise par une vapeur incandescente, le spectre est discontinu et formé par des raies brillantes, séparées par des intervalles obscurs. Ainsi le sodium et les sels de soude sont caractérisés par deux raies brillantes dans le jaune. Le magnésium donne des raies vertes. Cette étude des flammes constitue un procédé d'analyse chimique que l'on nomme analyse spectrale.

CHIMIE

190-191-192. — L'eau est un composé d'hydrogène et d'oxygène. Elle est décomposable à haute température en ses éléments (Expérience de Grove : sphère de platine chauffée au rouge blanc et plongée dans l'eau ; dissociation de l'eau : expériences de Sainte-Claire Deville.)

Les métaux qui ont une grande affinité pour l'oxygène décomposent l'eau en donnant un oxyde et de l'hydrogène. Ex: 1° Potassium ou sodium sur l'eau à froid ($K + H^2O = KHO + H$). 2° Décomposition de l'eau par le fer au rouge ($3Fe + 4H^2O = Fe^3O^4 + 4H^2$) dans un tube de porcelaine chauffé par un fourneau à réverbère. L'eau se combine à l'acide sulfurique concentré avec un grand dégagement de chaleur. Elle s'unit aux sels dans lesquels elle peut se trouver soit comme eau de cristallisation, soit comme eau de constitution.

Au point de vue chimique, c'est un corps neutre au tournesol.

Sa composition se détermine soit par l'analyse en poids (hydrogène sur l'oxyde de cuivre (Dumas), soit par l'analyse en volumes (analyse par le voltamètre) soit par la synthèse eudiométrique. L'eudiomètre aujourd'hui employé est l'eudiomètre à mercure. C'est un tube cylindrique large de 1 m. de long. environ et placé sur une cuve à mercure. Les parois supérieures sont traversées par deux fils de platine, entre lesquels on peut faire jaillir l'étincelle électrique.

On y introduit 100^{cc} d'hydrogène et 100^{cc} d'oxygène mesurés sous la même pression : Après l'étincelle, on obtient un résidu gazeux de 50^{cc} ; on constate que ce résidu est complètement absorbable par le phosphore : c'est donc de l'oxygène. Donc 50^{cc} d'oxygène se sont combinés à 100^{cc} d'hydrogène pour donner de l'eau. L'eau est donc composée de 2 v. d'hydrogène pour 1 vol. d'oxygène. Soit x le volume de la vapeur d'eau produite, en écrivant que le poids du composé est égal à la somme des poids des composants on a :

$$x \times 0,622 = 2 \times 0,0692 + 1,1056.$$

$$\text{d'où : } x = 2$$

(0, 622, 0, 0692, 1, 1056 sont les densités de la vapeur d'eau de l'hydrogène et de l'oxygène).

Donc 2 vol. d'H se combinent à 1 vol. d'O pour donner 2 vol. de vapeur d'eau.

---

193. — L'hydrogène se retire de l'eau (H^2O) ou des acides (composés d'H avec d'autres éléments Ex : HCl, SO^4H^2).

$$3Fe + 4H^2O = 4H^2 + Fe^3O^4$$

$$Zn + 2HCl = ZnCl^2 + H^2 \quad | \quad Zn + SO^4H^2 = ZnSO^4 + H^2$$

$$Fe + 2HCl = FeCl^2 + H^2 \quad | \quad Fe + SO^4H^2 = FeSO^4 + H^2$$

---

194 à 196. — *Oxygène. Préparation.* — Plusieurs procédés.

1° Calcination du bioxyde de manganèse.

$3MnO^2 = O^2 + Mn^3O^4$ (Oxyde salin de manganèse).

L'opération se fait dans une cornue en grès que l'on chauffe au rouge dans un fourneau à reverbère ; le gaz obtenu est impur, car le MnO^2 naturel employé l'est toujours.

II Décomposition par la chaleur du chlorate de potassium.

$$ClO^3K = KCl + 3O.$$

L'opération se fait dans une cornue en verre. Deux phases.

1re Formation de perchlorate :

$$2ClO^3K = KCl + ClO^4K + O^2.$$

2° Décomposition du perchlorate :

$$ClO^4K = KCl + O^4.$$

Le gaz obtenu ainsi est très pur.

III. Décomposition du bioxyde de baryum (Procédé industriel de Boussingault.)

$BaO^2 = BaO + O$ au rouge vif.

La baryte BaO est ensuite retransformée en BaO^2 par un courant d'air au rouge sombre.

Propriétés physiques. — Gaz incolore, inodore, insipide. Densité 1,1050. Peu soluble dans l'eau. — Liquéfié sous de très fortes pressions (Cailletet, Pictet, Wroblewski et Olzewski).

Propriétés chimiques. — Un grand nombre de corps s'altèrent au contact de l'oxygène. Les métalloïdes donnent principalement des acides (d'où le nom d'oxygène), les métaux généralement des oxydes basiques. L'oxydation d'un corps est souvent désignée sous le nom de combustion. Si l'oxydation se fait rapidement avec dégagement de chaleur et de lumière, on dit que la combustion est vive (combustion du phosphore, du soufre, du fer, du magnésium, etc. dans l'oxygène). Si l'oxydation se fait lentement, on dit qu'il y a combustion lente (combustions lentes du phosphore à l'air, du fer avec formation de la rouille, etc.) La circulation du sang chez les animaux n'est en réalité qu'une combustion lente effectuée à l'aide de l'oxygène de l'air fourni par la respiration.

197-199. — L'air est composé de 4/5 de son volume d'azote et de 1/5 de son volume d'oxygène. C'est un mélange des deux gaz et non une combinaison.

La composition de l'air a été établie par l'analyse.

I. *En volume :* Etant donné un volume d'air, on absorbe l'oxygène par un corps oxydable (phosphore, cuivre, mercure, etc...) et l'on mesure le volume de l'azote qui reste.

1° Lavoisier se servait de mercure, il obtenait alors la formule suivante :

$$Hg + Air = Az + HgO.$$

L'oxyde de mercure ($Hg\,O$) chauffé, se décompose et régénère le volume d'oxygène disparu :

$$Hg\,O = Hg + O.$$

2° Phosphore à froid. Le phosphore absorbant l'oxygène devient acide phosphoreux :

$$Ph + Air = Az + Ph^2O^3.$$

3° Phosphore à chaud. Le phosphore s'enflammant devient de l'acide phosphorique :

$$Ph + Air = Az + Ph^2O^5.$$

4° Analyse par l'acide pyrogallique et la potasse.

(L'acide pyrogallique jouit de la propriété d'absorber l'oxygène en présence de la potasse).

5° Analyse eudiométrique.

100 vol. air.
100 vol. hydrogène. } étincelle. Résidu 137 volumes.

137 vol. résidu.
100 vol. oxygène. } étincelle. Résidu 150 vol. { 79. Azote. (71 (absorbables par phosphore oxygène.

29 vol. d'oxygène se sont combinés à 58 d'hydrogène restant dans 137 vol. de résidu. Le reste de l'hydrogène (42 volumes) s'était combiné à 21 d'oxygène contenus dans l'air : les 79 volumes restant sont de l'azote.

II. — *En poids.* (Dumas et Boussingault). Méthode plus précise, le corps absorbant est le cuivre. Un courant d'air pur passe sur un poids connu de tournure chauffée au rouge dans un tube de verre.

$$Cu + Air = CuO + Az.$$

Le cuivre absorbant l'oxygène, on recueille l'azote dans un ballon, dont on connaît le poids.

L'augmentation de poids du cuivre, ajoutée à celle du ballon donne le poids de l'air.

L'air contient en outre en quantité variable ; de la vapeur d'eau, du gaz acide carbonique, des traces d'ozone, d'ammoniac et d'acide azotique.

L'*air est un mélange*, car 1° lorsqu'on effectue la synthèse de l'air, il n'y a ni dégagement, ni absorption de chaleur ; 2° il n'y a pas de rapport simple entre les volumes d'oxygène et d'azote ; 3° ses propriétés chimiques sont identiques à celles de l'oxygène ; 4° en présence de l'eau, l'oxygène et l'azote se dissolvent comme s'ils étaient seuls ce qui n'aurait pas lieu si l'air était une combinaison.

---

200. — 1° L'azote se prépare généralement par absorption de l'oxygène de l'air (Voir 197, analyse de l'air) ; 2° par un mélange de chlorure d'ammonium et d'azotite de potassium :

$$AzO^2K + AzH^4Cl = KCl + 2Az + 2H^2O.$$

201-202. — 1° *Anhydride azotique* Az^2O^5. On fait réagir le chlore sec sur de l'azotate d'argent parfaitement sec et chauffé à 60°.

$$Cl^2 + 2(AzO^2.\ OAg) = 2\ AgCl + Az^2O^5 + O.$$

On dirige des vapeurs de chlorure d'azotyle sur de l'azotate d'argent à 70° :

$$AzO^2.\ Cl + AzO^2.\ OAg = AgCl + Az^2O^5.$$

2° *Acide azotique*, AzO^3H. Dans les laboratoires on fait agir l'acide sulfurique concentré sur l'azotate de potassium :

$$AzO^3K + SO^4H^2 = AzO^3H + SO^4HK.$$

Dans l'industrie on remplace l'azotate de K par l'azotate de *Na* moins coûteux, plus riche en acide azotique et exigeant moins d'acide sulfurique.

203-204. — Le gaz ammoniac AzH^3 se prépare par l'action d'une base fixe, comme la chaux, sur un sel ammoniacal (chlorhydrate, sulfate, etc.).

Préparation des laboratoires. — On chauffe dans un petit ballon un mélange intime de chlorhydrate d'ammoniaque AzH^4Cl et de chaux vive : $2AzH^4Cl + CaO = 2AzH^3 + CaCl^2 + H^2O$.

L'eau qui se dégage est absorbée par la chaux vive avec laquelle on a achevé de remplir le ballon, le gaz est recueilli sur la cuve à mercure si on veut l'obtenir sec, ou dans une série de flacons de Woolf si on veut en obtenir une dissolution.

On peut remplacer le chlorhydrate par le sulfate d'ammoniaque qui est moins coûteux.

Préparation industrielle. — On distille avec de la chaux les eaux ammoniacales provenant de la fermentation des urines ou de l'industrie du gaz d'éclairage.

Propriétés. — Gaz incolore, odeur vive et piquante. Excessivement soluble dans l'eau ; la dissolution (alcali volatil) est une base puissante (ramène au bleu le tournesol, rougi par les acides). — Liquéfiable (application dans les machines à glace de Carré).

Se combine aux acides avec grande énergie en donnant des sels ammoniacaux où AzH^4 joue le même rôle que K (théorie de l'ammonium). — Précipite les oxydes métalliques de leurs solutions (avec le cuivre, eau céleste).

205-206. — Lois des combinaisons en poids et en volumes.

LOI DES POIDS OU LOI DE LAVOISIER. — *Le poids d'un composé est égal à la somme des poids des corps composants.*

LOI DES PROPORTIONS DÉFINIES, OU LOI DE PROUST. — *Pour former un même composé, deux ou plusieurs corps s'unissent toujours dans les mêmes proportions.* Ainsi l'eau est toujours formée en poids de 1 partie d'hydrogène et de 8 d'oxygène et en volume de 2 volumes d'hydrogène et de 1 volume d'oxygène.

LOI DES PROPORTIONS MULTIPLES. — *Quand deux corps se combinent en plusieurs proportions, le poids de l'un d'eux étant supposé fixe, les poids de l'autre seront entre eux dans des rapports simples exprimés par les nombres 1, 3/2, 2, etc.* Exemples composés oxygénés de l'azote. Le premier contient 8 d'oxygène, le deuxième 16 d'oxygène, le troisième 24 d'oxygène, le quatrième 32, le cinquième 40, pour la même quantité (14) d'azote.

LOIS DE GAY-LUSSAC. — 1° *Les volumes de deux gaz ou vapeurs qui se combinent, mesurés sous une même pression et à la même température, sont entre eux dans des rapports simples* ; 2° *le volume d'un gaz composé ou de la vapeur d'un corps composé est toujours dans un rapport simple avec les volumes des gaz ou vapeurs qui le constituent (ces volumes étant supposés mesurés à la même température et à la même pression)*. Exemples :

1 vol. de chlore et 1 vol. d'hydrogène donnent 2 vol. d'acide chlorhydrique.

1 vol. d'oxygène et 2 vol. d'hydrogène donnent 2 vol. de vapeur d'eau.

1 vol. de vapeur de soufre et 2 vol. d'hydrogène donnent 2 vol. d'acide sulfhydrique.

1 vol. d'azote et 3 vol. d'hydrogène donnent 2 vol. de gaz ammoniac.

Corollaires. — Le volume d'un composé est au plus égal à la somme des volumes des composants.

Si la combinaison a lieu à volumes inégaux, le volume des composés est inférieur à la somme des volumes des composants, il y a contraction.

207-208-209. — *Acide chlorhydrique.* — *Préparation.* — Action de l'acide sulfurique SO^4H sur le chlorure de sodium $NaCl$.

$$NaCl + SO^4H^2 = HCl + SO^4HNa.$$

Procédé des laboratoires. — Le sel marin doit être fondu. Le gaz est recueilli sur le mercure si on veut l'avoir sec, ou dans une série de flacons de Woolf si on veut en avoir une dissolution.

Procédé industriel. — HCl obtenu dans la fabrication du sulfate de soude : 1° Procédé des fours ; 2° Procédé des cylindres.

Propriétés. — Gaz incolore ; très soluble dans l'eau. La dissolution est un acide énergique qui rougit le tournesol.

Réactions les plus importantes :

$$4HCl + MnO^2 = MnCl^2 + Cl^2 + 2H^2O$$

(Préparation du chlore)

$$2HCl + Fe = FeCl^2 + H^2$$

(Préparation de l'hydrogène)

$$2HCl + FeS = FeCl^2 + H^2S$$

(Préparation de l'hydrogène sulfuré).

Chlore. — *Préparation*. — 1° Acide chlorhydrique et MnO^2 (voir ci-dessus).

2° Sel marin, bioxyde de manganèse et acide sulfurique :

$$MnO^2 + 2NaCl + 3SO^4H^2 = SO^4Mn + 2SO^4NaH + Cl^2 + 2H^2O$$

3° Procédé industriel de Weldon (régénération du bioxyde de manganèse).

4° Procédé Deacon (suppression de MnO^2, décomposition à la température de 500° de l'acide chlorhydrique)

$$2HCl + O = Cl^2 + H^2O.$$

210-211. — Le *soufre* existe en grande quantité dans la nature soit à l'état natif comme en Sicile ou dans les environs de Naples, soit combiné aux métaux (fer, cuivre, etc.).

Le soufre natif de Sicile et de Naples est séparé de la terre qui l'accompagne par divers procédés.

I. *Procédés par fusion*. — 1° Procédé des calkeroni employé en Sicile. Une partie du soufre sert de combustible et fournit la chaleur nécessaire à la fusion de l'autre partie.

2° Procédé de Naples. — La fusion est obtenue à l'aide de la vapeur d'eau sous pression.

II. *Procédés par distillation*. — Le soufre est distillé dans des cornues placées dans des fourneaux de galères, la vapeur de soufre se condense dans des vases extérieurs, et le liquide qui en résulte s'écoule dans des baquets pleins d'eau.

Le soufre ainsi extrait doit être raffiné. Raffinage à Marseille.

Propriétés physiques. — Solide, jaune citron, mauvais conducteur de la chaleur et de l'électricité. Insoluble dans l'eau, soluble dans le sulfure de carbone.

Le soufre est cristallisé sous deux états :

1° Soufre octaédrique,

2° Soufre prismatique.

Fusion à 115°. Propriétés du soufre fondu. Soufre mou. Ebullition à 440°.

Propriétés chimiques. — Brûle dans l'oxygène $S + O^2 = SO^2$ (acide sulfureux).

Attaque presque tous les métaux.

Applications. — Fabrication de l'acide sulfureux, et par suite de l'acide sulfurique, du sulfure de carbone. Soufrage des vignes. Emplois médicaux.

Acide sulfhydrique ou hydrogène sulfuré, H^2S.

Préparation. — 1° Action de l'acide chlorhydrique ou de l'acide sulfurique étendus sur le sulfure de fer

$$FeS + 2HCl = FeCl^2 + H^2S.$$

2° Action de l'acide chlorhydrique concentré sur le sulfure d'antimoine

$$Sb^2S^3 + 6HCl = 3H^2S + 2SbCl^3.$$

Propriétés physiques. — Gaz, odeur d'œufs pourris. Soluble dans l'eau.

Propriétés chimiques. — Combustible.

$$H^2S + O^3 = H^2O + SO^2$$
$$H^2S + O = H^2O + S$$

Attaque les métaux en donnant des sulfures ou des sulfhydrates de sulfure.

Décomposé par le chlore.

$$Cl^2 + H^2S = 2HCl + S$$

(employé pour la désinfection).

Action physiologique. — Gaz très vénéneux. Plomb des vidangeurs.

212-213-214. — Le phosphore ordinaire ou phosphore blanc est un corps solide, transparent lorsqu'il est récemment fondu. Sa densité est 1,84. Il possède une légère odeur d'ail. Dans l'obscurité il répand, au contact de l'air, une lumière particulière. Il fond vers 44°. C'est un poison violent. Le phosphore affecte divers états moléculaires auxquels peuvent correspondre des propriétés physiques et chimiques très différentes.

1° *Phosphore cristallisé.* — Si on dissout du phosphore ordinaire dans le sulfure de carbone et si l'on évapore doucement, on obtient des cristaux dérivés du cube.

2° *Phosphore blanc.* — Les bâtons de phosphore conservés dans l'eau se recouvrent, au bout d'un certain temps, d'une matière blanchâtre et opaque. Cette matière n'est que du phosphore modifié dans son état moléculaire.

3° *Phosphore noir.* — Si l'on chauffe du phosphore ordinaire vers 70° et si on le refroidit brusquement, on obtient du phosphore noir.

4° *Phosphore rouge.* — Si l'on chauffe du phosphore à l'abri de l'air vers 240 degrés, on obtient une matière rouge opaque, que l'on peut séparer du phosphore non modifié par le sulfure de carbone, qui ne dissout pas le phosphore rouge. Sa densité est différente de celle du phosphore ordinaire. Il cristallise en rhomboèdres ; il est insoluble dans le sulfure de carbone ; il s'oxyde lentement ; il n'est pas phosphorescent et n'attaque pas les solutions alcalines étendues. De plus, il n'agit pas comme poison sur l'organisme.

Préparation du phosphore ordinaire. — On calcine des os de bœuf ou de mouton, de manière à brûler la matière organique. Le résidu de cette opération contient environ 80 pour cent de phosphate basique de chaux et 15 pour cent de carbonate de chaux, et quelques parties de sable, d'argile, etc. Les os brûlés sont pulvérisés et passés au tamis. On traite cette poudre par l'acide sulfurique qui transforme le phosphate basique en phosphate acide de chaux, et le carbonate de chaux en sulfate. Le sulfate de chaux peu soluble se dépose, le phosphate acide se dissout. On évapore le liquide décanté et on filtre afin de séparer le sulfate de chaux. Quand le liquide a pris une consistance sirupeuse, on le mêle avec du charbon en poudre, et l'on évapore à siccité dans une chaudière en fonte jusqu'au rouge sombre ; le charbon s'empare d'une partie de l'oxygène et transforme le phosphate acide en phosphate neutre. On chauffe fortement le mélange, et une partie du phosphore distille. On le recueille dans l'eau.

Les *composés oxygénés* du phosphore sont : l'acide hypophosphoreux obtenu en chauffant le phosphore avec un alcali ; l'acide phosphoreux, produit par l'action de l'oxygène de l'air à froid sur le phosphore ; l'acide phosphorique anhydre (PhO^5) qu'on obtient en brûlant du phosphore sous une cloche pleine d'air sec placée sur une assiette sèche. La dissolution de ce dernier donne trois hydrates : l'acide métaphosphorique ; l'acide pyrophosphorique et l'acide phosphorique ordinaire, ou orthophosphorique.

215-216. — *Carbone*. — Les corps désignés vulgairement sous le nom de charbons sont des corps de composition complexe. Ils contiennent tous un élément commun, le carbone. Le carbone ne peut être caractérisé par ses propriétés physiques ; il est défini par ses propriétés chimiques ; 12 grammes de ce corps, en brûlant, se combinent à 16 gr. d'oxygène pour donner 44 gr. d'acide carbonique, gaz jouissant de propriétés acides (rougit le tournesol) et caractérisé par la propriété qu'il possède de troubler l'eau de chaux et l'eau de baryte.

Le carbone est connu.

1° A l'état cristallisé. *Diamant*, variété de carbone presque pur. Se trouve dans les terrains d'alluvion. Employé dans la joaillerie où il est taillé de façon à donner des brillants très recherchés.

Les diamants de qualité inférieure sont employés à cause de leur dureté (diamant à couper le verre, égrisé pour la taille du diamant, machines à perforer les roches dures).

2° A l'état de *graphite.* — Carbone à peu près pur, connu sous le nom de mine de plomb. Bon conducteur de l'électricité (galvanoplastie). Employé pour préserver les objets en fer de la rouille, pour la fabrication des crayons.

3° A l'état amorphe. — Nombreuses variétés plus ou moins pures.

Charbon de sucre, — noir de fumée, — noir animal, — anthracite, — houilles, — lignites, — tourbes, — charbon des cornues, — coke, — charbon de bois.

---

218 à 224. — *L'anhydride carbonique* (CO^2) a été isolé en 1648. On le trouve à l'*état libre* dans l'atmosphère, à l'*état de dissolution* dans les eaux gazeuses naturelles ou artificielles, à l'*état de carbonate de chaux* dans les roches d'origine sédimentaire (calcaire, craie, etc.), dans les tissus organiques (*tissu osseux*). — Produit de l'activité volcanique, il se dégage de certaines fissures du sol ; produit de la combustion vive ou lente des matières carbonées, il se rencontre dans les gaz expirés par les animaux ou les végétaux ; produit ultime de la décomposition spontanée des matières organiques, on le trouve dans tous les corps en putréfaction et dans toutes les fermentations.

Préparation : *à froid*, on traite un carbonate par un acide. On le recueille sur l'eau. — *Dans le laboratoire*, on traite le marbre ou la craie (CaO, CO^2) par l'acide chlorhydrique HCl étendu d'eau :

$$CO^3Ca + 2HCl = CO^2 + H^2O + CaCl^2.$$

Résidu : chlorure de calcium ($CaCl^2$), soluble dans l'eau en excès. — *Dans l'industrie*, on emploie l'acide sulfurique (SO^4H^2) :

$$CO^3Ca + SO^4H^2 = CO^2 + H^2O + CaO, SO^3$$

Résidu : sulfate de chaux (SO^4Ca), peu soluble.

Remarque. — On peut encore obtenir l'acide carbonique en décomposant par la chaleur le carbonate de chaux.

Oxyde de carbone. — $CO = 28$ se prépare en traitant l'acide oxalique par l'acide sulfurique :

$$C^2H^2O^4 = CO + CO^2 + H^2O$$

Propriétés physiques. — Incolore, inodore, insipide, $d = 967$; très peu soluble dans l'eau, très difficilement liquéfiable (Cailletet).

Propriétés chimiques.—Corps neutre, décomposé par l'étincelle électrique, se combine à volume égal avec le chlore pour former l'acide chloroxycarbonique. Au contact de l'air et d'une flamme brûle avec une flamme bléue caractéristique pour former de l'acide carbonique.

Se produit naturellement lorsque de l'oxygène passe sur du charbon en excès chauffé au rouge et dans la combustion incomplète de toutes les espèces de charbon.

Propriétés physiologiques. — Poison violent. S'unit à l'hémoglobine du sang et forme avec elle une combinaison stable. Même à très petite dose rend anémique en empoisonnant les globules du sang. Proscrire d'une manière absolue l'usage des poêles dits mobiles qui sont des foyers de production de CO, à moins d'un excellent tirage dans les cheminées.

Iode. I = 127. — *Historique.* — Découvert en 1811 par Courtois, étudié par Clément et Desormes, et surtout par Gay-Lussac.

Etat naturel. — Se rencontre dans les varechs, et dans le foie de certains poissons, surtout dans celui de la morue. On le rencontre aussi dans certaines sources minérales. On le trouve quelquefois associé au chlorure d'argent dans certaines mines du Mexique.

Préparation. — On retire l'iode surtout des cendres de varechs, où il entre en assez grande quantité accompagné de brome dont il faut le débarrasser. On traite pour cela les eaux-mères des cendres par l'acide sulfurique et l'on fait bouillir le mélange. Après cette ébullition prolongée, on verse dans la liqueur une grande quantité d'eau et on y fait passer un courant de chlore qui déplace l'iode de ses combinaisons. Il faut agir avec précaution et arrêter le courant avant que le chlore n'ait commencé à déplacer le brome.

Propriétés physiques. — A la température ordinaire, l'iode est un corps solide, gris d'acier, possédant un éclat métallique. Il fond à une température un peu supérieure à 113° et bout dans le voisinage de 200°. Il dégage de belles vapeurs violettes, même à la température ordinaire.

L'iode, peu soluble dans l'eau, se dissout dans l'alcool ; c'est cette dissolution qui est employée en médecine sous le nom de teinture d'iode.

Propriétés chimiques. — Par ses propriétés chimiques l'iode se rattache étroitement aux autres corps de la même famille: chlore, brome, fluor. Il se combine directement avec les métaux, et, par conséquent aussi avec l'hydrogène. Les iodures sont isomorphes des chlorures. Il ne se combine pas directement avec le carbone, ni avec l'oxygène. Son union facile avec l'hydrogène le rend apte, comme le chlore, à décolorer. Sa vapeur est dangereuse à respirer et provoque des crachements de sang.

Le réactif le plus sensible de l'iode est l'amidon en dissolution. Des traces d'iode communiquent à cette dissolution une teinte bleue caractéristique qui disparaît si on chauffe, mais qui reparaît quand la dissolution se refroidit.

Usages. — Il est employé surtout en photographie et en médecine. — L'huile de foie de morue agit surtout par l'iode qu'elle contient. — L'iodure de potassium est employé pour combattre certaines affections, ainsi que l'iodure de sodium.

HISTOIRE NATURELLE

Le développement de tous les sujets proposés équivaudrait à un traité d'histoire naturelle. Nous nous bornerons à quelques plans ou développements.

226. — *Principaux caractères du type zoologique réalisé par les animaux vertébrés.*

Les caractères fondamentaux se tirent :

1° De la symétrie du corps (symétrie bilatérale) ;

2° De la présence d'un squelette interne (vertèbres osseuses ou cartilagineuses — arc neural — arc hémal) ;

3° Disposition du système nerveux (logé dans l'arc neural, moelle épinière et cerveau, car le crâne n'est qu'une vertèbre modifiée) ;

4° Constitution des appareils de nutrition (*digestif* situé au-dessous de la colonne vertébrale ; *circulatoire* actionné par un organe central, le cœur, garni de valvules, et se continuant par des vaisseaux à parois continues et nettement délimités ; le sang est formé d'une partie liquide et d'une partie solide ; *respiratoire* au moyen de poumons ou branchies, l'oxygène de l'air ou de l'eau empruntant l'entrée des voies digestives pour pénétrer jusqu'à ces organes) ;

5° La forme des membres pairs ou impairs plus ou moins développés suivant les espèces, pouvant manquer complètement chez quelques-unes, ou du moins être réduits à un état très rudimentaire (serpents) ;

6° Enfin tous les vertébrés sont protégés à l'extérieur et complètements recouverts par un tégument, la peau (lisse, pileuse, emplumée, squammeuse).

---

233. — *Du sang. Composition physique et chimique de ce liquide. Son rôle* (Paris, Caen, Grenoble).

Composition et usages du sang (Bordeaux, Aix, Clermont, Lyon, Nancy).

Le sang est un tissu de globules dont la substance intercellulaire est liquide. Dans son ensemble c'est un liquide rouge *vermillon* (sang *artériel*, ou mieux sang *oxygéné*) ou rouge *pourpre* (sang *veineux* ou mieux sang *désoxygéné*) ; il se compose : 1° d'une partie solide ou *cruor* en suspension dans 2° une partie liquide ou *plasma*, et 3° d'une partie *gazeuse*. Sa densité est environ 1,05, par rapport à l'eau ; sa réaction est alcaline, sa saveur salée, son odeur fade et différente pour chaque espèce animale.

1° *Partie solide.*

Le cruor est constitué par les globules qui sont de deux sortes : globules rougesou *hématies* ; globules blancs ou *leucocytes*.

A. — Les *hématies* sont de petits éléments anatomiques solides, de couleur rouge quand on les considère en masse et jaunâtre en couche mince ; leur nombre est très considérable. — M. Malassez en compte près de 5 trillions par litre (exactement 4.300.000 par millimètre cube de sang pris au doigt d'un adulte); il s'ensuit qu'on ne peut les voir qu'au microscope avec un fort grossissement. — Ils ont la forme de petits disques excavés sur leurs deux faces ou mieux d'une lentille circulaire biconcave chez l'homme et chez tous les mammifères, sauf chez les caméliens où ils sont elliptiques; ils sont mous et parfaitement élastiques, c'est-à-dire qu'ils ont la propriété de pouvoir être comprimés et de reprendre exactement leur forme et leur dimension primitives ; cette dimension est en moyenne chez l'homme de 2 millièmes de millimètre (2μ) d'épaisseur et de 7 μ de diamètre, ils n'ont pas de noyau, excepté pendant la vie fœtale.

Chez les oiseaux les globules sont elliptiques, biconvexes et plus gros que chez les mammifères ; chez les reptiles, les batraciens et la plupart des poissons ils sont elliptiques, biconvexes, volumineux (90 μ environ chez le *protée*) et ont un noyau très visible ; chez les invertébrés ils sont dépourvus d'enveloppe et granulés.

Les hématies chez l'homme se composent : d'une petite masse de protoplasma ou *stroma globulaire* et d'une matière colorante appelée *hémoglobine*, le tout enfermé, d'après les expériences concluantes de M. Ranvier, dans une membrane d'enveloppe. Le *stroma* est formé de matières albuminoïdes, de lithicine, de graisses, de cholestérine, d'eau, de phosphates et autres sels alcalins, surtout de *potasse*, ce qui est à remarquer, car le liquor contient surtout des carbonates et des chlorures de *soude*.

La *matière colorante* est formée de carbone, d'hydrogène, d'oxygène, d'azote, de soufre et de fer. Sa formule empirique est d'après Preyer C^{600} H^{960} Az^{154} FeS^{3} O^{179}. C'est une substance albumineuse qui jouit de la propriété de cristalliser. Sous l'influence des agents réducteurs elle se décompose en *globine* et *hématine* ; l'hématine avec l'acide chlorhydrique donne de l'*hémine*.

Nous ne parlerons pas ici des divers caractères spectroscopiques de l'hémoglobine.

Le rôle *physiologique* essentiel de l'hémoglobine et par suite des hématies est de fixer l'oxygène introduit par la respiration, en se transformant en *oxyhémoglobine* et *peut-être* (?) d'ozoniser cet oxygène ou du moins de lui communiquer un état particulier qui développe ses propriétés oxydantes. Cet oxygène est ainsi transporté par les hématies dans les capillaires et par ces capillaires dans l'intimité des tissus et des organes. Là, l'oxyhémoglobine se transforme partiellement en hémoglobine réduite ou désoxygénée qui est transportée des capillaires au cœur par les globules du sang veineux (L'hémoglobine a aussi une grande affinité pour l'oxyde de carbone avec lequel elle forme un composé *stable* ; de là le danger de l'empoisonnement par ce gaz).

B. — Les *leucocytes* sont de petits corps microscopiques formés d'une masse de protoplasma granuleuse ; ils diffèrent des globules rouges : 1° en ce qu'ils n'ont pas de membrane d'enveloppe ; 2° en ce qu'ils contiennent un ou plusieurs noyaux ; 3° en ce qu'ils sont dépourvus d'hémoglobine ; 4° en ce que leur forme et leurs dimensions sont irrégulières, les uns sont plus petits que les globules sanguins et sphériques, d'autres sont de même dimension et d'autres plus volumineux, et leur densité est un peu moindre que celle des hématies ; 5° en ce qu'ils possèdent des mouvements spontanés dits *amiboïdes* ; 6° enfin, grâce à ces mouvements, les leucocytes traversent les pores des membranes organiques, de sorte qu'on les trouve non seulement dans le sang, mais dans presque tous les tissus.

Les globules blancs du sang lui sont fournis par la lymphe ; leur proportion est de 1 leucocyte pour 500 hématies environ ; leur nombre augmente après la digestion et diminue par l'abstinence.

Il est généralement admis que les globules blancs servent à la formation des globules rouges ; quelques physiologistes cependant leur attribuent un rôle dans la formation de la fibrine du sang et, plus récemment, un rôle protecteur, ils détruiraient les vibrions introduits dans l'organisme (théorie de la phagocytose).

Le *cruor* est de beaucoup la partie la plus importante du sang, le plasma ne lui sert pour ainsi dire que de véhicule et de milieu protecteur.

2° *Partie liquide.*

Le *plasma* ou *liquor* est la partie liquide du sang. C'est une solution d'albumine incolore ou ambrée, filante, de réaction alcaline, de densité 1,02 environ, c'est-à-dire un peu moindre que celle du cruor, renfermant, en outre de sa grande proportion d'albumine, des matières grasses ; des alcools (cholestérine, etc.) ; des sucres ; des matières extractives telles que l'urée ; des sels dont les principaux sont le chlorure de sodium, le carbonate de soude et le phosphate de soude ; des traces de métaux et enfin environ 90/00 d'eau.

On divise le plasma en deux parties : la fibrine et le sérum.

A. — La *fibrine* appelée aussi *plasmine* est une partie de l'albumine contenue dans le plasma, elle a pour propriété de se coaguler spontanément à sa sortie des vaisseaux ; c'est en vertu de cette propriété que le sang extravasé se prend en caillots. On a cherché à expliquer pourquoi la fibrine ne se coagule pas dans les vaisseaux ; Brücke en donne pour cause une propriété spéciale de la paroi des vaisseaux vivants et non altérés ; pour d'autres physiologistes, la fibrine n'existerait pas toute formée dans le sang, mais le plasma contiendrait une substance *fibrinogène* aux dépens de laquelle, sous l'influence d'un ferment, se formerait au sortir des vaisseaux la fibrine spontanément coagulable.

Cette question est trop controversée pour que nous y insistions.

On peut obtenir la fibrine, soit par coagulation spontanée, soit en battant le sang au moyen d'une baguette souple. Dans le premier cas elle a la forme d'une masse transparente très contractile qui peu à peu devient blanche et opaque, dans le second cas elle se présente sous forme de filaments grisâtres, d'abord mous et qui deviennent élastiques en durcissant. Elle est insoluble dans l'eau, l'alcool et l'éther et se dissout dans les alcalis étendus.

C'est à la coagulation de la fibrine qu'est due la formation du caillot dans le sang extravasé. La fibrine se prend en une masse spongieuse qui emprisonne comme les mailles d'un réseau tous les éléments du sang, sa contraction augmente de plus en plus et la partie liquide filtre, il ne reste que la partie solide (cruor et fibrine solidifiée). Si pour une cause quelconque la coagulation vient à être retardée, le cruor se dépose en vertu de sa plus grande densité et le caillot, ne contenant plus que la fibrine soit seule, soit avec des globules blancs qui sont moins denses que les hématies, forme une masse blanchâtre appelée *couenne*.

B. — Le *sérum* est la partie du plasma qui filtre du caillot. C'est un liquide transparent jaune-verdâtre, très alcalin, contenant des substances albuminoïdes, dont la plus importante est la *sérine*. Les albumines du sérum ne coagulent pas spontanément comme la fibrine, mais seulement par l'action de la chaleur ou des acides. C'est aussi dans cette partie du plasma que se trouvent les corps que nous avons énumérés plus haut; matières grasses, alcools, sucres, urée, et des sels principalement à base de *soude*.

La partie liquide du sang entraîne les déchets de l'organisme, elle est en outre le véhicule des produits de la digestion et de l'acide carbonique qui provient des combustions intimes des tissus.

3° Partie gazeuse.

Les gaz contenus dans le sang sont l'oxygène, l'acide carbonique et l'azote. Ils s'y trouvent, d'après une moyenne de nombreuses expériences, dans la proportion de 58 0/0 du volume du sang mesuré à 0° et sous la pression 760 m/m. Nous avons vu que la propriété spéciale de l'hémoglobine est de se combiner à l'oxygène introduit par l'inspiration en se transformant en oxyhémoglobine ; cet oxygène transporté dans l'intimité des tissus y provoque des combustions qui fournissent de l'acide carbonique. Cet acide est repris par le plasma qui le ramène par les veines, le cœur droit et l'artère pulmonaire aux poumons où il se dégage en partie. Il en résulte que la proportion des gaz varie suivant qu'on les considère dans le sang artériel ou dans le sang veineux.

En effet le sang artériel contient :

Oxygène 18, Acide carbonique 38, Azote 2.

Le sang veineux :

Oxygène 8, Acide carbonique 48, Azote, 2.

pour 100 volumes.

A. — L'oxygène du sang se trouve presque en totalité en combinaison avec l'hémoglobine dont 1 gramme peut fixer 1cc, 52 d'oxygène. Cette combinaison est peu stable ; l'oxygène peut être chassé par la chaleur, par le vide, par un autre gaz, par des agents réducteurs. Il existe en outre une très petite quantité d'oxygène à l'état de dissolution dans le plasma.

B. — L'acide carbonique se rencontre dans le plasma et dans les globules. Les expériences de P. Bert ont montré que, contrairement à l'opinion adoptée jusque-là, cet acide existe dans le plasma *entièrement* à l'état de combinaison ; il y a aussi une certaine proportion d'acide carbonique fixée par les globules rouges.

Quand l'acide carbonique existe dans le sang en trop grande proportion il produit l'*état asphyxique*.

C. — L'azote paraît exister à l'état de simple dissolution. Son rôle n'est pas encore bien connu.

4° Rôle du sang.

Nous avons indiqué à propos de chacun des éléments ses propriétés physiologiques, résumons-nous en disant que le sang, appelé si justement par Claude Bernard un *milieu intérieur*, pris dans son ensemble, joue un double rôle : il est à la fois liquide nourricier en charriant les matériaux nécessaires à la vie des tissus et liquide excréteur en entraînant les déchets de cette nutrition.

Tous les tissus sont sous la dépendance du sang, même ceux qui ne sont pas en contact direct avec lui, comme les cartilages et les tissus épidermiques, car ils reçoivent le plasma qui a transsudé des capillaires et qui par imbibition arrive jusqu'à eux ; mais ceux qui subissent le plus directement l'influence du sang et, dans le sang, des globules qui en sont la partie fondamentale, ce sont les muscles et surtout le système nerveux dont la vie n'est possible que si les globules sanguins sont bien constitués et renferment une dose convenable d'oxygène et de fer.

Enfin, le sang donne aux tissus une *tension* qui est nécessaire à leur fonctionnement et, par sa circulation, il est le distributeur et le régulateur de la *chaleur* animale.

Terminons en disant que les globules rouges ont été découverts en 1658 par Swammerdam dans le sang de la grenouille et par Leuwenhoek en 1673 dans le sang de l'homme; que les globules blancs ont été découverts en 1770 par Hewson et que les physiologistes qui, depuis cette époque, ont fait une étude spéciale du sang sont trop nombreux pour que nous puissions citer les noms seulement des plus illustres.

L. J.

---

238 à 245. — I. — La *respiration* est l'acte par lequel on absorbe de l'oxygène et on exhale de l'acide carbonique (*Cette fonction est commune aux animaux et aux végétaux ; ici*

nous l'envisagerons seulement chez les animaux et particulièrement chez l'homme).

II. — Les poumons sont les organes de la respiration. Ils sont au nombre de deux. Un poumon est une masse élastique, creusée de nombreuses cavités (*lobules, voir la figure*) tapissées par une membrane épithéliale perméable aux gaz.

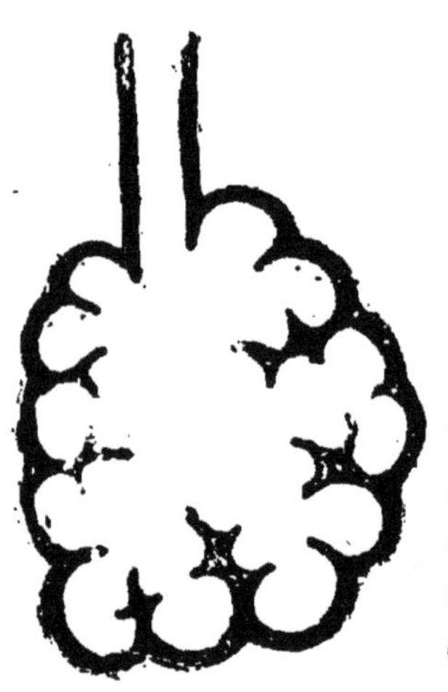

Chaque lobule est entouré d'un réseau capillaire sanguin. Dans le lobule se trouve de l'air qui vient de l'extérieur par la *trachée-artère*, les *bronches* et les *bronches capillaires*. C'est dans le lobule que se fait l'échange gazeux.

Les *bronches* restent béantes parce qu'elles sont soutenues par des anneaux de cartilage. Dans la *trachée* ces anneaux sont incomplets, ce ne sont que des demi-anneaux. Le long de l'arbre respiratoire il y a des *glandes muqueuses* qui lubréfient les parois et arrêtent les poussières. Les mucosités qu'elles produisent sont-elles-mêmes expulsées par les cils vibratiles de l'épithélium des bronches qui déterminent par leurs mouvements un courant ascendant. Les *poumons* sont situés dans le thorax, cavité close limitée par le cou, la colonne vertébrale, les côtes, le sternum et, en bas, par le diaphragme, membrane musculaire qui partage le corps en deux et sépare le thorax de l'abdomen.

Chaque poumon est entouré d'une membrane séreuse (*plèvre*). Ils remplissent complètement le thorax, sauf entre eux deux une place pour le cœur. Appliqués exactement contre les parois du thorax ils sont toujours distendus (ils s'affaissent dans le cas de plaie perforante de la poitrine).

III. — Les poumons suivent tous les mouvements de la cavité thoracique. Pour l'inspiration, les côtes se soulèvent et s'écartent, le sternum est porté en haut et en avant, le diaphragme s'abaisse (tout cela par le jeu des *muscles inspirateurs*), le thorax, et par suite le poumon, augmente de volume, il y a appel d'air, *inspiration*. L'air cède au sang une partie de son oxygène, et lui prend en échange de l'acide carbonique par un simple phénomène d'osmose.

Pour l'expiration, les muscles expirateurs ramènent le thorax à sa première position, il y a refoulement du poumon, expulsion de l'air, *expiration*.

La consommation moyenne d'*oxygène* en une heure pour un homme adulte est de 20 à 25 litres, il y a dans le même temps expulsion de 20 à 25 litres d'acide carbonique.

IV. — Chez les *mammifères* la respiration se fait comme chez l'homme.

Les *oiseaux* ont aussi des poumons ; seulement ces poumons communiquent avec des *sacs aériens* qui communiquent eux-mêmes avec les os creux, de sorte que l'oiseau peut se remplir d'air chaud.

Chez les *reptiles* le poumon n'est plus qu'un simple sac dans lequel ces animaux introduisent de l'air en l'avalant.

Les *batraciens* jeunes respirent par des branchies comme les poissons, et adultes, par des poumons comme les reptiles.

Les *poissons* respirent par des branchies placées de chaque côté de la tête, recouvertes par un opercule et sur lesquelles ils font passer de l'eau contenant de l'oxygène en dissolution.

Les *mollusques* respirent soit par branchies placées dans une cavité recouverte par le manteau, soit par le manteau lui-même transformé en poumon.

Les *crustacés* respirent par des branchies qui dépendent des pattes et qui, chez l'écrevisse, par exemple, sont recouvertes et protégées par un repli de la carapace.

Les *insectes* respirent l'air en nature par des trachées, petits tubes très nombreux, très ramifiés dans le corps, quelquefois renflés en sacs maintenus béants par une spirale de chitine et venant s'ouvrir au dehors par un orifice nommé stigmate. Ces trachées sont baignées de toutes parts par le sang.

Les *vers* possèdent quelquefois des branchies en houppes, d'autres fois ils respirent par toute la surface de la peau.

---

246. — Le *foie* est une glande volumineuse placée dans la partie droite de l'abdomen au-dessous du diaphragme et au-dessus de l'estomac. Il est constitué par un lobe droit, un lobe gauche qui est plus petit, et en avant par le lobe carré. A la face inférieure se trouve une poche, appelée vésicule biliaire, où viennent s'accumuler les produits de la secrétion du foie connus sous le nom de *bile*. Ce liquide est versé dans le duodénum à peu de distance du pylore par le canal cholédoque.

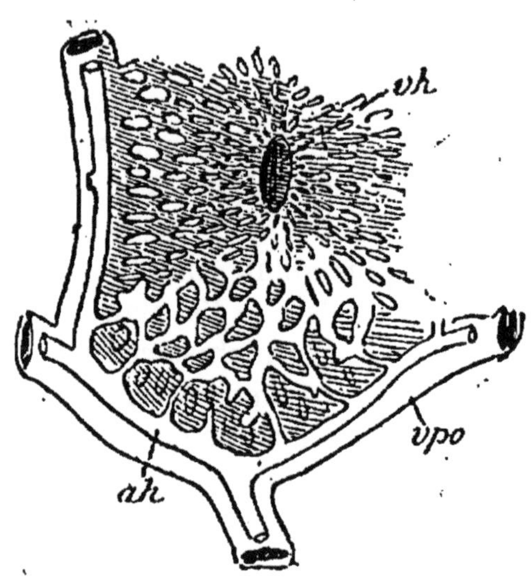

Lobule hépatique : (*vpo*) rameau de la veine-porte, (*ah*) artère hépatique, (*vh*) veine hépatique.

Deux sortes de vaisseaux amènent le sang au foie : 1° l'artère hépatique qui y conduit le sang artériel ordinaire ; 2° la veine-porte qui naît du réseau vasculaire de l'intestin et qui, arrivée dans le foie se divise en rameaux et capillaires. Puis ce réseau capillaire donne naissance aux rameaux qui vont se réunir pour constituer la veine hépatique qui ramène dans la circulation le sang de double provenance du foie.

Toute la masse du foie en dehors des nerfs et des vaisseaux est formée par des cellules polyédriques à protoplasma granuleux, et où l'on voit des gouttelettes graisseuses. Les faisceaux vasculaires détachent dans cette masse des îlots de substance qu'on appelle lobules hépatiques. Le tissu conjonctif du foie se rassemble à sa surface pour former une enveloppe protectrice.

Le foie a deux grandes fonctions qui font subir au sang une élaboration complexe :

1° Sa fonction glycogénique par laquelle il fabrique du glycogène qui va servir à la nutrition. C'est à Claude Bernard qu'est due la découverte de cette importante fonction.

2° Il extrait la bile du sang. C'est un liquide verdâtre ayant une réaction alcaline et se putréfiant rapidement ; il contient un grand nombre de sels, des matières colorantes comme la bilirubine et la biliverdine, des substances grasses comme la cholestérine. On a cru pendant longtemps que la *bile* servait à digérer les matières grasses, mais on a vu depuis qu'elle n'était pas indispensable. La bile sert à neutraliser l'acidité du suc gastrique ; c'est aussi un antiseptique ainsi que le démontrent les animaux qui ont une fistule hépatique. On ne peut pas supprimer la secrétion biliaire sans apporter des troubles dans l'organisme. D'après Kuss, elle produit après chaque digestion la chute de l'épithélium intestinal. — En résumé, son rôle physiologique n'est pas encore précisé.

---

247. — L'*œil* a la forme d'un globule sphérique ; l'enveloppe dans laquelle il est placé est constituée par une membrane blanche à laquelle sa consistance a fait donner le nom de *sclérotique*. Cette membrane est transparente à sa partie antérieure (cornée transparente) ; le reste de la sclérotique a été souvent appelé par opposition cornée opaque. En arrière de la cornée transparente est enchâssé le *cristallin*, sorte de lentille convergente baignée dans deux liquides réfringents : 1° l'humeur *aqueuse* entre le cristallin et la cornée transparente ; 2° l'humeur *vitrée*, matière de consistance gélati-

neuse qui remplit l'espace libre entre le cristallin et le fond de l'œil.

L'image des objets extérieurs fournie par ces systèmes ré-

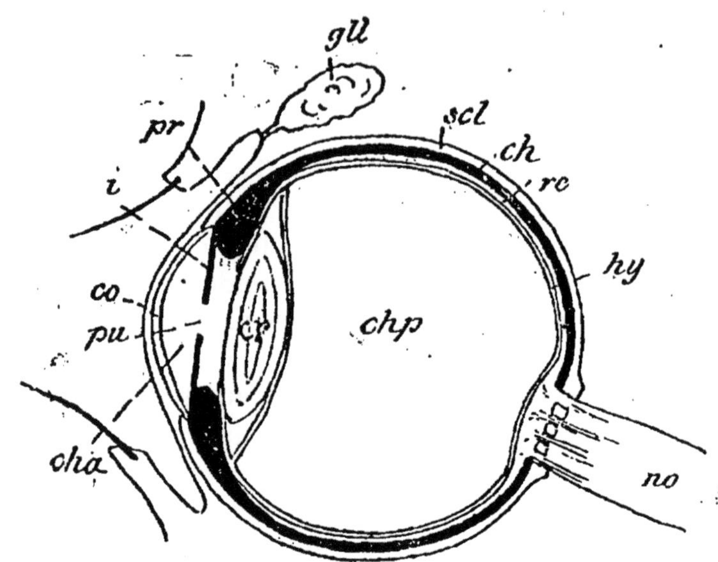

(*scl*) sclérotique, (*co*) cornée transpar, (*ch*) choroïde, (*pr*) procès ciliaires, (*i*) iris, (*pu*) pupille, (*no*) nerf optique, (*re*) rétine, (*hy*) membrane hyaloïde, (*cr*) cristallin, (*cha*) chambre antérieure, (*chp*) chambre postérieure.

fringents est reçue sur une membrane nerveuse, la *rétine* qui tapisse le fond de l'œil et n'est autre chose qu'une expansion de nerf optique.

Ces diverses parties sont les plus essentielles au point de vue optique, mais d'autres membranes concourent à la perfection de l'organe de la vision : 1° La *choroïde*, membrane qui sépare la rétine de la sclérotique ; elle est recouverte d'un pigment noir qui absorbe la lumière et empêche les réflexions intérieures ; 2° en avant du cristallin, une autre membrane contractile, l'*iris*, forme un diaphragme à ouverture variable ; l'ouverture de ce diaphragme est la pupille. Les milieux de l'œil font converger les rayons lumineux émanant des objets de façon à donner de ces objets une image érelle qui se forme sur la rétine. Cette image est renversée.

Le fonctionnement de l'œil se rapproche ainsi au point de vue optique de celui d'une chambre noire. Mais l'œil jouit d'une faculté d'accommodation qui lui permet de voir distinctement les objets qui sont situés à des distances différentes supérieures à une distance minima (Distance minima de la vision distincte). D'après les expériences de Cramer et de Helmholtz cette faculté d'accomodation est due à un changement de courbure de la face antérieure du cristallin.

Les distances auxquelles, grâce à l'accommodation, on peut voir nettement les objets, varient avec les différentes vues. Un œil *normal* peut s'accommoder pour voir à partir d'une distance minima jusqu'à l'infini, la distance minima est environ de 30 centimètres ; les vues *myopes* ne peuvent distinguer que les objets situés entre une distance minima très faible 4 à 5 centimètres, et une distance maxima de quelques décimètres. — Pour les *presbytes*, il n'y a pas de distance maxima, mais la distance minima est beaucoup plus grande que pour les vues normales. Dans un œil *hypermétrope*, les images se forment toujours, en arrière de la rétine.

Ces différents défauts de la vue se corrigent avec des bésicles divergentes pour les myopes, convergentes pour les presbytes et les hypermétropes.

---

253. — *Caractères extérieurs de la racine* (1).

La racine est un membre de la plante qui ne porte pas de feuilles et dont l'accroissement en longueur est illimité. Ce sont là les *caractères principaux* de la racine.

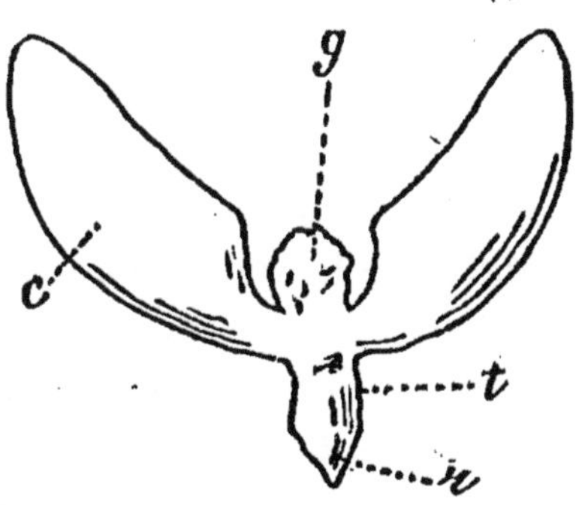

Lorsqu'on fait germer une graine, le premier organe qui en sort et qui se dirige de haut en bas est

(1) Emprunté en grande partie au *Résumé complet d'histoire naturelle* par M. Louis, ancien élève de l'École Normale Supérieure, Docteur ès sciences, 1 vol. in-32 avec 70 figures, 1 fr.

une racine, c'est la *racine principale*. Voyons d'où elle provient.

Si l'on ouvre une graine de ricin par exemple, on y trouve une petite plante déjà formée, c'est la *plantule* ou *embryon* qui se compose essentiellement d'un petit cône appelé *radicule* (*r*) surmonté d'une partie cylindrique, la *tigelle* (*t*), portant à son sommet deux feuilles spéciales nommées *cotylédons* (*c*), entre lesquelles est un petit bourgeon appelé *gemmule* (*g*).

Si l'on suit la germination d'une graine, on s'aperçoit que c'est ce petit cône appelé radicule qui, en se développant, produit la racine principale, en se dirigeant toujours de haut

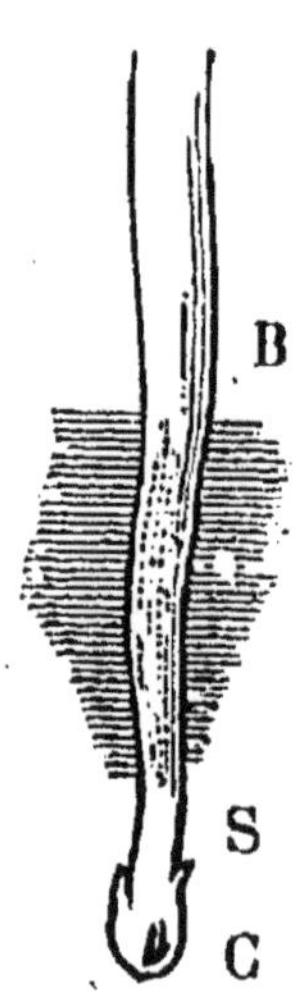

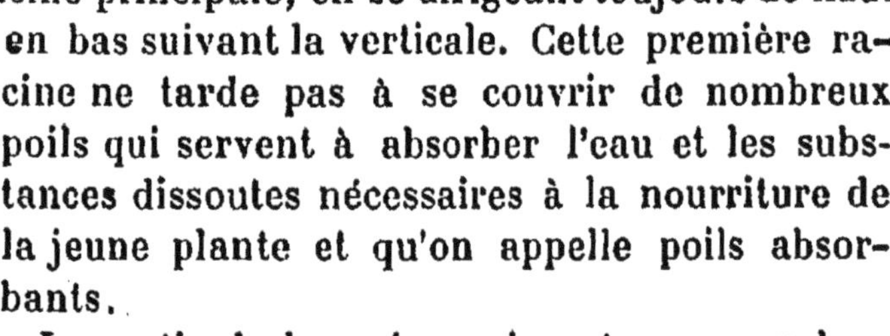

en bas suivant la verticale. Cette première racine ne tarde pas à se couvrir de nombreux poils qui servent à absorber l'eau et les substances dissoutes nécessaires à la nourriture de la jeune plante et qu'on appelle poils absorbants.

La partie de la racine qui porte ce manchon conique de poils est limitée et située à une certaine distance du sommet qui est toujours la même, quel que soit l'âge de la racine, car les poils se flétrissent vers la base du cône (*B*) à mesure que la racine s'allonge, tandis qu'il en apparaît de nouveaux vers le sommet (*S*) ; mais la portion *S C* ne porte jamais de poils.

Tout à fait à l'extrémité de la racine on aperçoit une petite partie ordinairement jaunâtre (C) ou plus foncée que le reste de la racine, assez résistante à la surface, c'est une sorte de calotte recouvrant l'extrémité de la racine et appelée *coiffe*. C'est un organe de protection ; la racine peut ainsi, grâce à cette coiffe assez dure, s'allonger dans le sol sans se déchirer. La présence de cette coiffe est un des caractères importants de la racine.

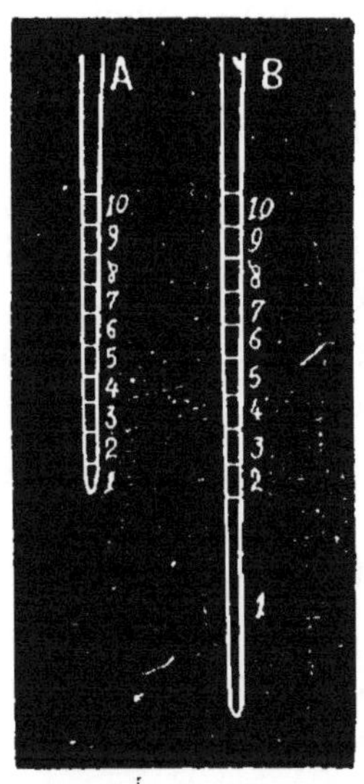

Les deux expériences suivantes montrent comment se fait l'accroissement en longueur de la racine.

1° Sur une racine A en voie de croissance, marquons à partir de l'extrémité, dix traits équidistants, des centimètres par exemple, le n° 1 se trouvant au sommet, et laissons croître la racine. Au bout de quelques jours on voit (B) que l'intervalle 1 qui est le plus rapproché du sommet s'est beaucoup allongé, tandis que les autres ont conservé leur longueur primitive. Donc c'est dans le premier centimètre à partir du sommet que se produit tout l'allongement de la racine.

2° Prenons une autre racine semblable et divisons le premier centimètre en dix parties égales chacune à un millimètre. Quand la racine se sera accrue, nous verrons que ces dix intervalles se sont allongés de façons très différentes. Le premier intervalle 1 à partir du sommet ne s'est pas accru, le 2e s'est allongé sensiblement, le 3e beaucoup plus que le 2e, le 4e plus encore, le 5e, le 6e et le 7e de moins en moins, le 8e s'est à peine allongé et le 9e et le 10e n'ont pas changé de longueur. Cette seconde expérience nous donne des indications encore plus précises que la première, car elle nous montre que ce n'est pas tout à fait au sommet, mais un peu en deçà que se produit l'allongement. On dit que l'accroissement en longueur de la racine est presque terminal ou *subterminal*. C'est là encore un des caractères importants de la racine.

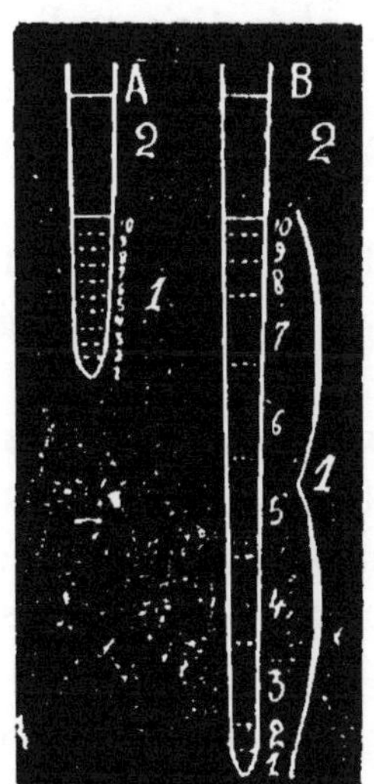

La racine principale (appelée aussi *pivot*) ne reste pas unique; au bout d'un certain temps il se produit sur elle des racines secondaires qui à leur tour peuvent se ramifier en produisant des racines tertiaires, et ainsi de suite. On donne le nom de *radicelle* à toute racine qui naît ainsi sur une autre racine.

Les *radicelles* ont, comme la racine principale, des poils absorbants, une coiffe et un accroissement subterminal, mais elles en diffèrent par leur direction, car, au lieu de se diriger de haut en bas, les racines secondaires font un angle avec le pivot, et il en est de même des racines tertiaires, par rapport aux racines secondaires, et ainsi de suite.

Les radicelles ne sont pas placées au hasard, mais les unes au-dessous des autres en rangées longitudinales (4 dans la carotte) ; le nombre de ces rangées est d'ailleurs variable suivant les cas.

Nous venons de dire que la racine principale, ou *racine-mère*, ou pivot, se dirige toujours de haut en bas suivant la verticale ; c'est ce que prouvent les expériences suivantes :

1° Si nous plaçons une plante de telle façon que sa racine principale soit horizontale, elle continuera à s'accroître vers son extrémité, mais les parties nouvelles, au lieu de croître dans le prolongement des parties déjà formées, c'est-à-dire dans la direction horizontale, se dirigeront de haut en bas dans la direction de la pesanteur et la racine fera un coude.

2° Si nous plaçons verticalement une jeune plante de façon que la racine principale soit en haut et la tige en bas, les parties nouvelles se dirigeront encore de haut en bas, en sorte qu'au bout de quelques jours la racine aura la forme d'un crochet.

Donc quelle que soit la position qu'on donne à une racine principale, elle s'accroît toujours de haut en bas dans la direction de la pesanteur.

Mais on pourrait objecter que les racines principales se dirigent vers le centre de la terre parce qu'elles recherchent le milieu qui leur est le plus favorable ou qu'elles fuient la lumière. L'expérience du *pot renversé* démontre qu'il n'en est rien.

3° Semons des graines sur la terre contenue dans un pot à

fleurs, puis retournons le pot en maintenant la terre à l'aide d'un grillage. Quand les graines auront germé, on s'apercevra que la racine poussera exactement comme si le pot n'avait pas été renversé, c'est-à-dire qu'au lieu de s'enfoncer dans la terre elle se dirigera de haut en bas suivant la verticale et se développera dans l'air et la lumière, tandis que la tige se dirigera de bas en haut, c'est-à-dire dans la terre contenue dans le pot et dans l'obscurité. Donc la racine principale se dirige toujours suivant l'action de la pesanteur.

Cette action de la pesanteur s'appelle *géotropisme* et l'on dit que la racine principale est *géotropique*, que les racines secondaires sont moins géotropiques et que les racines tertiaires et d'ordre supérieur le sont peu ou point.

L'ensemble du système des racines d'une plante, c'est-à-dire le pivot et les radicelles, peut se présenter sous diverses formes.

Si le pivot et les radicelles sont également bien développés, on a une racine *pivotante ordinaire*, exemple : le chêne, si le pivot est très développé par rapport aux radicelles, on a une racine *pivotante exagérée*, exemple : la carotte ; si les radicelles sont plus développées que le pivot, on a une *racine fasciculée*, exemple : le blé, le pois ; enfin, une racine soit principale, soit secondaire, peut être renflée de manière à contenir une provision de nourriture utile à la plante et souvent utilisable pour l'homme, on dit alors que la racine est *tuberculeuse* ; dans la betterave et le radis c'est la racine principale qui est tuberculeuse, dans le dahlia ce sont des *racines adventives*.

Beaucoup de plantes, en effet, présentent des racines qui ne sont ni la racine principale ni des radicelles, mais des racines qui ont pris directement naissance sur la tige ou ses ramifications. On les appelle *adventives* ; exemples : les racines qui se développent sur la tige rampante du *fraisier* (rejets), celles qui se développent sur les tiges souterraines du *sceau de Salomon*, celles des tiges du *lierre* qui rampent sur le sol ; mais lorsque ces tiges se développent dans l'air, elles ont des racines adventives nombreuses et courtes qui servent à les faire grimper en se fixant comme des crampons aux murs ou aux arbres.

Terminons en résumant sous forme de tableau les caractères extérieurs de la racine : si nous mettons en regard ceux de la tige, nous aurons ainsi un moyen commode de distinguer l'un de l'autre ces deux membres de la plante.

CARACTÈRES EXTÉRIEURS DE LA RACINE	CARACTÈRES EXTÉRIEURS DE LA TIGE
Une coiffe.	Pas de coiffe.
Ne porte pas de feuilles.	Porte de feuilles.
Porte des poils absorbants.	Pas de poils absorbants.
Descend verticalement (*toujours*).	*Monte* verticalement (*en général*).
Accroissement subterminal.	Accroissement terminal et intercalaire.
Radicelles en séries linéaires.	Rameaux en séries hélicoïdales.

L. J.

258. — La feuille a trois fonctions : *transpiration, respiration, assimilation du carbone.*

La *transpiration* est une exhalation de vapeur d'eau par les stomates. Certains stomates, plus spécialement appropriés à cette fonction, se nomment aquifères.

La *respiration* consiste comme chez les animaux, en une absorption d'oxygène et un dégagement d'acide carbonique. Tous les tissus vivants de la plante respirent, mais ce sont surtout les feuilles qui, à cause de la grande surface qu'elles présentent, sont le principal organe de cette fonction qui s'exerce nuit et jour, comme chez les animaux. Si pendant le jour la plante absorbe de l'acide carbonique et dégage de l'oxygène, cela tient à la fonction chlorophyllienne qui a pour résultat l'assimilation du carbone et dont l'effet est précisément inverse de celui de la respiration.

La fonction chlorophyllienne consiste en ce qu'il y a dans les cellules de la plante une substance verte, *chlorophylle*, qui a la propriété de décomposer l'*acide carbonique* en carbone et oxygène, sous l'influence de la lumière. L'oxygène est en partie repris par la respiration, mais l'excès se dégage, Quant au carbone, il est fixé dans les tissus où il sert *probablement* à former des matières nutritives (huiles, amidon, sucre, etc.,) qui sont emportées par la sève descendante, soit pour se mettre en réserve dans les tissus spéciaux (pomme de terre, betterave), soit pour être utilisées immédiatement.

260-291. — La fleur est l'organe de la reproduction des plantes. C'est un ensemble de feuilles profondément modifiées et déposées en verticilles. Une fleur *complète* se compose de quatre verticilles successifs qui sont, de dehors en dedans. le *calice*, la *corolle*, l'*androcée* et le *gynécée*. Les fleurs auxquelles manquent un ou plusieurs de ces verticilles sont dites *incomplètes*.

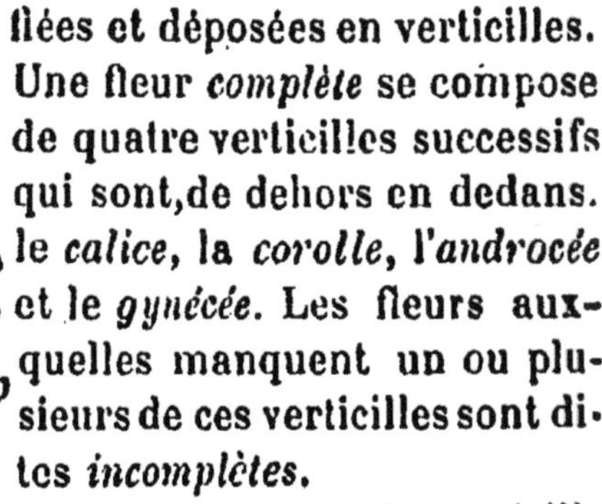

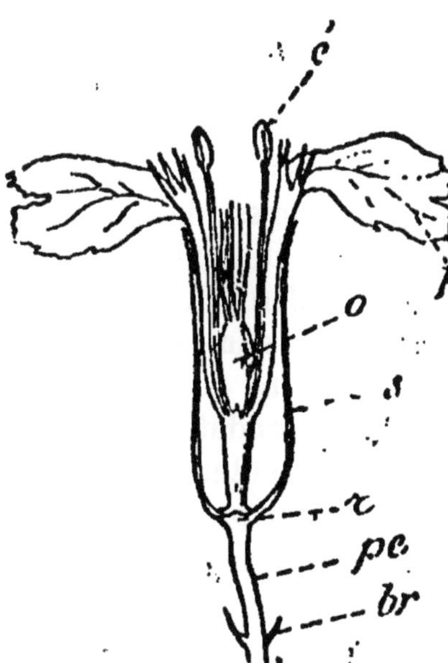

(*p*) pétales, (*s*) sépales, (*e*) étamines, (*o*) pistil, (*r*) réceptacle, (*pe*) pédoncule, (*br*) bractées.

Le *calice* qui est le verticille le plus extérieur est aussi celui où la forme des feuilles est le plus apparente : il en a presque toujours la couleur verte, quelquefois, cependant, il offre des colorations qui le rapprochent de la corolle. Les feuilles modifiées qui le composent portent le nom de *sépales* (s). Quand les sépales sont distincts l'un de l'autre, la fleur est dialysépale ou polysépale ; quand ils sont soudés, comme dans l'œillet, la fleur est dite gamosépale ou monosépale.

La *corolle* est le second verticille de la fleur, alterné avec le précédent, les feuilles modifiées qui le composent, encore très reconnaissables, généralement colorées en rouge, jaune, bleu, etc., portent le nom de *pétales* (p). Suivant que les pétales sont libres ou soudés entre eux la fleur est dite dialypétale ou polypétale et gamopétale ou monopétale.

Ces deux premiers verticilles dont l'ensemble forme le *périanthe* ne sont que des organes de protection pour les verticilles internes qui sont de beaucoup les plus importants.

L'*androcée* se compose d'un ou plusieurs verticilles de feuilles très modifiées, qu'on appelle *étamines* (é). Une étamine est composée d'un filet supportant l'anthère. L'anthère est formée du connectif sur les bords duquel se trouvent les sacs polliniques contenant les cellules-mères du pollen, organe mâle de la fécondation. Le filet peut manquer, l'anthère est dite alors sessile.

Le *gynécée* ou *pistil* est formé de feuilles modifiées appelées *carpelles*. On y distingue trois parties : le style, le stigmate et l'ovaire. Le stigmate est l'épanouissement du style, il secrète, au moment de la fécondation, un liquide visqueux destiné à retenir et à faire germer le pollen qui, par le style, pénètre jusqu'à l'ovaire où il féconde les ovules attachés au placenta, c'est-à-dire aux bords de soudure du ou des carpelles. (Nous ne parlerons pas de la fécondation qui n'est pas comprise dans la question.) Le style peut manquer, alors le stigmate est dit sessile. Quand une fleur possède l'androcée et le gynécée, elle est dite *monoïque* ; si l'un des deux manque, la fleur est dite *dioïque*.

260-264. — I. — Les plantes *phanérogames* sont, ainsi que l'indique l'étymologie de leur nom, celles qui ont des organes reproducteurs apparents, en d'autres termes, celles qui ont des *fleurs*.

II. — Les fleurs des plantes phanérogames se divisent en fleurs *complètes* et fleurs *incomplètes*. Cette division nous indique suffisamment que toutes les parties de la fleur ne sont pas également indispensables et que plusieurs peuvent faire défaut.

III. — Une fleur complète se compose de quatre enveloppes concentriques de feuilles modifiées ; ces enveloppes sont toutes insérées sur l'extrémité du pédoncule qui prend pour cette raison le nom de réceptacle ; elles sont, de la périphérie au centre : 1° le *calice* dont les divisions s'appellent *sépales* ; 2° la *corolle* dont les divisions s'apellent *pétales* ; 3° l'*androcée* formé par les *étamines* ; 4° le *pistil*, composé de *carpelles*.

IV. — Le calice et la corolle ne sont que des organes accessoires ; les seules parties essentielles sont les *étamines* et le *pistil*.

1° ÉTAMINES. — Une étamine se compose d'une partie grêle plus ou moins longue qui est le *filet* et d'une partie renflée appelée *anthère* à l'intérieur de laquelle se forme le *pollen*. Le filet peut même manquer, l'étamine est dite alors *sessile*, en sorte que la seule partie indispensable est l'anthère.

Structure de l'anthère. — Une coupe transversale d'une anthère la montre ordinairement creusée de quatre cavités appelées *sacs* polliniques et situées deux à deux de part et d'autre d'un plan qui partagerait l'anthère en deux parties symétriques, c'est-à-dire en deux loges comprenant chacune deux sacs ; ces deux loges sont réunies par un faisceau libéro-ligneux appelé connectif et qui n'est qu'un prolongement des faisceaux du filet. Quand l'anthère arrive à maturité, une partie de la cloison qui sépare les deux cavités de chaque loge se résorbe et il ne reste plus que deux sacs. Sur la plus grande

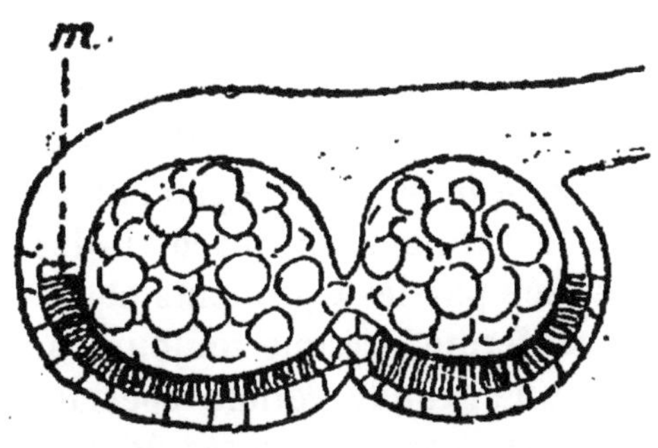

Section d'un sac pollinique.

partie de leur étendue les parois des sacs polliniques se composent seulement de deux assises de cellules.

Pollen. — A l'intérieur des sacs se trouve le pollen, poussière extrêmement ténue composée de grains arrondis. Chacun de ces grains est formé d'une substance protoplasmique entourée d'une membrane divisée en deux couches, l'une externe fortement subérifiée, colorée, inextensible, imperméable, épaissie en certains points, amincie ou même interrompue en d'autres; l'autre interne cellulosique, incolore, perméable et extensible. Le pollen est l'agent de la fécondation. Quand l'anthère est à maturité, elle s'ouvre et laisse échapper le pollen qui est transporté sur le gynécée. Nous ne parlerons pas de la déhiscence de l'anthère qui se rapporte au mécanisme de la fécondation.

2e Pistil. — Le pistil placé au centre de la fleur est formé par la réunion d'un certain nombre de feuilles modifiées appelées *carpelles*; ces feuilles portent *les ovules* sur leurs bords et ces bords sont pour cette raison appelés *placentas*. La partie indispensable du pistil est l'ovule puisque chez les gymnospermes il n'y a ni stigmate, ni style, ni ovaire fermé.

On distingue dans l'*ovule* : 1° le funicule qui rattache l'ovule au placenta. Son point d'insertion sur l'ovule s'appelle le *hile*; 2° les téguments généralement au nombre de deux, l'un extérieur : primine; l'autre intérieur : secondine; 3° le nucelle, petite masse cellulaire ne contenant pas de vaisseaux, dont la base est reliée à la base des téguments en un point appelé chalaze, dont le sommet est placé au-dessous d'une petite ouverture laissée par les téguments et appelée *micropyle*. Le nucelle renferme presque toujours au moment où la fleur s'épanouit une grande cellule spéciale, le *sac embryonnaire*, contenant : 1° l'*oosphère* masse de protoplasma entourant un noyau et qui donnera naissance à la plantule; 2° le noyau secondaire situé vers le milieu du sac embryonnaire et qui sera le point de départ de l'albumen.

La fécondation transforme l'ovule en œuf et l'œuf en graine.

III

ENONCÉS DES COMPOSITIONS SCIENTIFIQUES

DONNÉES DANS TOUTES LES FACULTÉS DES DÉPARTEMENTS A LA SECONDE PARTIE DU BACCALAURÉAT CLASSIQUE

FACULTÉ D'AIX

Arithmétique

267. — Quel changement éprouve une fraction lorsqu'on ajoute un même nombre à ses deux termes ?

268. — Insérer dix moyens arithmétiques entre les nombres 1 et 34.

269. — Extraire la racine carrée de 7.485.319.

270. — Extraire la racine carrée du nombre 7.309.652.

Algèbre

271. — Définition d'un monôme et d'un polynôme.

272. — Simplifier la fraction $\frac{x^4 - y^4}{x^3 + xy^2}$.

273. — Quels sont les diviseurs commmuns de $x^4 - a^4$, $x^3 - a^3$, $x^2 - a^2$? Quels sont les quotients?

274. — Formation d'une équation.

275. — Résoudre une équation de la forme $x^2 + px + q = 0$.

276. — Quelle est l'équation du second degré qui admet pour racines $x' = -2$, $x'' = +3$.

277. — Résoudre l'équation $21x^2 - 32x + 12 = 0$.

278. — Trouver deux nombres sachant que leur somme diminuée de deux unités est égale au triple de leur différence, et que leur produit, diminué de 3 unités est égal au triple de leur somme.

Géométrie

279. — Démontrer que, par trois points non en ligne droite, on peut faire passer une circonférence, et qu'on ne peut en faire passer qu'une.

280. — Les côtés d'un triangle ont pour longueur 4, 5 et 6 mètres.

On mène la bissectrice de l'angle formé par les côtés des longueurs 4 et 6 mètres. Déterminer les segments formés sur le troisième côté.

281. — Diviser une droite en 7 parties égales.

282. — Démontrer que le côté de l'hexagone régulier inscrit dans une circonférence est égal au rayon.

283. — Etant donné un triangle ABC dont les côtés sont : AB = 4 mètres, BC = 5 m., AC = 3 m., on mène par le point C une parallèle à AB d'une longueur de 2 mètres, et du point D une parallèle à AC qui sera DE jusqu'à la rencontre de BC prolongée :

1° Démontrer que le triangle ABC est rectangle ;

2° Trouver la surface de chacun des deux triangles ABC et CDE.

284. — Soit le carré ABCD dont chaque côté est égal à 4 mètres. On prend sur AB une longueur AA′ = 1 mètre. De même sur BC, CD, DA, on prend des longueurs BB′, CC′, DD′ égales à 1 mètre. On joint A′B′, B′C′, C′D′, D′A′ et l'on décompose le carré donné en 4 triangles et un quadrilatère. Démontrer que ces 4 triangles sont égaux entre eux et que ce quadrilatère est un carré. Trouver la surface de ce dernier carré.

285. — 1° Calculer en décimètres carrés la surface d'un triangle dont la base BC est de 7 m. et dont la hauteur AD est de 4 mètres ;

2° Couper le triangle par une parallèle EF à la base de manière que le petit triange AEF ait une surface du $\frac{1}{4}$ de la surface du triangle total ABC.

286. — Démontrer que le triangle dont les côtés ont pour

longueur 3 m. 6 dcm., 4 m. 8 dcm. et 6 mètres est rectangle. Calculer la surface de ce triangle et la hauteur correspondante à l'hypoténuse.

287. — On donne un triangle équilatéral inscrit dans un cercle dont on connaît le rayon R. Calculer la surface comprise entre le cercle et le triangle.

288. — Dans un cercle dont le rayon est égal à 10 centimètres, on mène une corde égale au rayon. Cette corde partage la surface du cercle en deux segments. On demande de calculer en centimètres carrés la surface de chacun de ces segments.

289. — Trouver l'aire d'un secteur de cercle connaissant le rayon du cercle et appliquer au cas d'un secteur de 12° au centre d'une circonférence de 1 m. de rayon.

290. — Dans un cercle dont le rayon est égal à l'unité, on inscrit un quadrilatère ABCD dont les côtés AB et AD sont ceux du triangle équilatéral inscrit, et dont les côtés BC et CD sont ceux de l'hexagone régulier inscrit. Trouver la surface de ce quadrilatère en décimètres et centimètres carrés.

291. — Exprimer en hectares la superficie d'un cercle de 2.006 mètres de diamètre.

292. — Combien trois droites concourantes indéfinies dans tous les sens forment-elles d'angles trièdres ?

293. Etant donné un trièdre trirectangle, on prolonge toutes ses arêtes ; combien obtient-on de trièdres ? et pourquoi ces trièdres sont-ils aussi trirectangles ?

294. — 1° Démontrer que le volume d'un cylindre de révolution est donné par la formule πR^2H ;

2° Evaluer en litres le volume d'un cylindre de révolution ayant 23 cm. de rayon de base et 17 cm. de hauteur.

295. — Volume d'une pyramide quelconque.

296. — Volume de la pyramide et du tronc de pyramide.

297. — Un lingot d'argent a la forme d'une pyramide SABCD à base carrée. Le côté AB de la base est égal à 12 centimètres et la hauteur de la pyramide est de 8 centimètres.

On demande de calculer en grammes le poids de cette pyramide, et en francs sa valeur, sachant que le poids spécifique de l'argent est de 10,512 et supposant que le kilogramme d'argent vaille 170 francs.

298. — Définition d'un grand cercle ; indiquer les formu-

les qui permettent de mesurer la surface et le volume de la sphère.

299. — Trouver le rayon de la sphère circonscrite à un cube ayant 1 m. de côté.

Physique

300. — Enoncer le principe d'Archimède.

301. — Définir la densité d'un corps.

302. — Mesurer la densité d'un corps solide au moyen de la balance hydrostatique.

303. — Un aéromètre à poids constant plonge dans un liquide de densité 1,5. Par l'extrémité, supposée ouverte, de la tige, on introduit 2 grammes de mercure qui viennent augmenter le lest de l'instrument. On constate que ce dernier s'enfonce dans le liquide de 10 nouvelles divisions de la tige. On demande le volume qui correspond à l'intervalle de deux divisions consécutives de la tige.

304. — Loi de Mariotte.

305. — 1° Enoncer la loi de Mariotte pour la compression des gaz.

2° *Application.* — Un tube de forme intérieure conique renferme une certaine quantité de gaz SOz à la pression H. Quelle pression devrait supporter cette même quantité de gaz pour que le volume actuel OzS soit réduit au volume A*h*S de hauteur moitié moindre ?

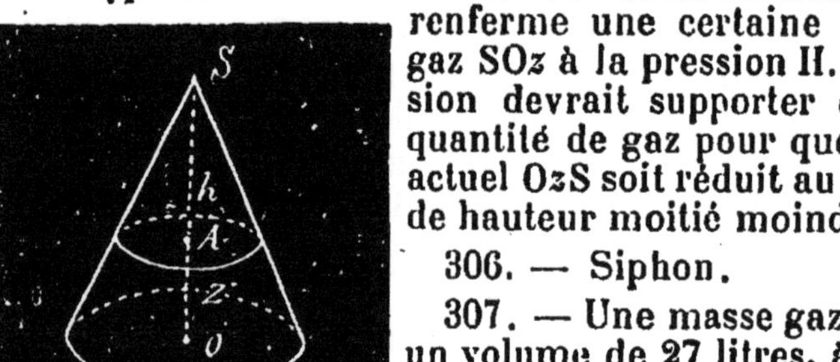

306. — Siphon.

307. — Une masse gazeuze occupe un volume de 27 litres, à la pression de 9 atmosphères et à la température de 15°. On demande quel serait le volume de cette même masse à la même température de 15° et sous la pression de 5 atmosphères. On demande aussi quel serait le volume de cette masse gazeuse à la température de 30° et sous la pression de 5 atmosphères.

308. — Le thermomètre.

309. — Définition des chaleurs spécifiques. Principe de la méthode des mélanges.

310. — On prend 10 kilog. d'eau à 15°. Dans cette eau on place un corps qui pèse 5 kilogr. et qui est à la température

de 30°. Lorsque l'eau et le corps ont pris la même température, on constate que la température commune est 18°. On demande quelle est la chaleur spécifique du corps considéré.

311. — Fusion et solidification. Lois de ces phénomènes.

312. — Définition de l'état hygrométrique. Description de l'hygromètre de Saussure.

313. — Chaleur lente de vaporisation. Définition. Applications.

314. — Principe de la machine à vapeur.

315. — Le son, sa production, ses qualités, Lois de la transmission du son dans les divers milieux. Perception des sons. Oreille humaine.

316. — Electrophore.

317. — Machine électrique de Ramsden.

318. — Pile de Daniell.

319. — La boussole de déclinaison.

320. — Le galvanomètre.

321. — Miroirs sphériques concaves.

322. — Construire l'image d'un objet donnée par une lentille divergente.

323. — Image formée par la lentille convergente.

324. — Loupe.

Chimie

325. — Enumérer les combinaisons oxygénées de l'azote. Donner les propriétés et la préparation du protoxyde d'azote.

326. — Préparation de l'acide azotique.

327 — Acide chlorhydrique : préparation et propriétés principales.

328. — Phosphore.

329. — Acide carbonique. Préparation.

Zoologie

330. — Exposer les caractères du règne animal. Indiquer succinctement les analogies et les différences des divers groupes qui le composent. En d'autres termes : Caractères du règne animal ; division en embranchements et en classes.

331. — Enumérer les caractères principaux des vertébrés.

332. — Décrire succinctement un type articulé.

333. — Décrire succinctement un type de mollusque.

334. — Nommer les os du squelette humain.

335. — Indiquer les organes qui se trouvent dans la cavité buccale et le genre de fonctions qu'ils remplissent.

336. — Phénomènes chimiques de la digestion.

337. — Quels sont les organes importants dans la cavité thoracique et dans la cavité abdominale ?

338. — Le sang ; sa constitution physique et sa constitution chimique.

339. — Structure du cœur chez l'homme, les reptiles, les poissons.

340. — Phénomènes chimiques de la respiration.

341. — Phénomènes chimiques de la respiration chez les animaux et les végétaux.

342. — La vision chez les vertébrés. Structure et fonctions.

343. — L'œil. Sa structure. Accomodation.

344. — Structure de l'œil. Mécanisme de la vision. Principales anomalies de la vision.

345. — Phénomènes de la vision. Structure de l'œil. Marche des rayons. Formation des images. Myopie. Presbytie.

346. — Structure de l'oreille.

Botanique

347. — Caractères généraux du règne végétal.

348. — Exposer les caractères généraux du règne végétal. Classifications des diverses plantes. Principe de ces classifications.

349. — Structure de la tige chez les dicotylédones.

350. — Fonctions physiologiques des feuilles.

351. — La fonction chlorophyllienne.

352. — La fleur.

353. — Structure de l'étamine.

354. — Etamines des phanérogames angiospermes.

355. — Description sommaire du pistil.

356. — Décrire les différentes parties d'une graine.

357. — Enumérez les diverses parties de la graine, leur rôle et leur origine dans l'ovule. En quoi la graine diffère-t-elle de la spore ?

358. — Définir les cryptogames en les apposant aux phanérogames. Exemples de parasitisme.

359. — Fécondation des cryptogames.

ECOLE SUPÉRIEURE D'ALGER

Algèbre

360. — Résoudre le système d'équations :

$$\begin{aligned} 100x + 10y + z &= 123 \\ x + 100y + 10z &= 231 \\ 10x + y + 100z &= 312. \end{aligned}$$

Ecrire sur la copie tous les calculs nécessaires pour obtenir le résultat. Montrer que la solution peut être aperçue à la simple lecture des équations.

361. — Résoudre l'équation : $x^2 - 1526x - 685707 = 0$.

362. — Un nombre est exprimé par deux chiffres dont la somme des valeurs absolues est 11. Ce nombre renversé en donne un autre trois fois plus grand que le premier, plus 5. On demande de déterminer ce nombre.

Géométrie

363. — Etant données deux circonférences dont les centres sont A et B et les rayons a et b, calculer la distance OM qui sépare le milieu O de la droite AB = 2C du point M de cette droite par lequel on peut mener aux deux circonférences des tangentes égales. Construire géométriquement la valeur algébrique trouvée.

364. — Calculer le rayon x d'un cercle dont la surface égale la somme des surfaces de deux cercles de rayons donnés r et r'. Le construire géométriquement.

Application numérique $r = 333$ m.
$r' = 444$ m.

365. — Etant donnés deux points A et B, trouver le lieu des points d'où l'on voit sous un angle de 60° la droite qui les joint.

366. — On donne la surface latérale d'un cylindre, soit 3 mètres carrés. Sachant que la hauteur égale une fois et demie le diamètre de la base, trouver les dimensions.

367. — La surface totale d'un cône droit à base circulaire est égale à 10 mètres carrés et le diamètre de sa base égal à 1 m,50 ; calculer l'apothème à 1 centimètre près.

368. — Ecrire et démontrer la formule qui permet de calculer le volume d'un tronc de cône à l'aide de la hauteur et des rayons des deux bases.

Application : Calculer et exprimer en litres le volume du tronc de cône dans lequel :

Hauteur . . . . $h = 2$ m. 50
Rayon de la grande base. . $R = 3$ m. 25
Rayon de la petite base . . $r = 1$ m. 63

369. — Quatre points A, B, C, P, de la surface d'une sphère sont tellement situés que :

1° Le triangle ABC est rectangle en A et $BC = 2a = 357^{mm}$.
2° Les trois distances PA, PB, PC sont égales ;

$$PA = PB = PC = b = 452^{mm}.$$

On demande d'exprimer :
1° Le rayon de la sphère en centimètres ;
2° Sa surface en mètres carrés ;
3° Son volume en litres.

370. — Un ballon sphérique dont le diamètre intérieur est 35 centimètres à la température de 0° est muni d'une garniture à robinet et vide de tout gaz. On le plonge dans la glace fondante et on l'ouvre lentement dans l'atmosphère par l'intermédiaire de tubes desséchants.

On demande le poids de l'air qui remplira le ballon une fois que l'équilibre sera établi. Le poids d'un litre d'air sec ($0,760^{mm}$) est 1 gr. 293.

Physique

371. — Lois de la chute des corps.

372. — Un corps arrive à terre avec une vitesse de 44 m. 3 par seconde. Dire de quelle hauteur ce corps est tombé sachant que l'intensité de la pesanteur est de 9,81.

373. — La longueur d'un pendule étant 0 m. 50, la gravité

du lieu, de 9 m. 80, calculer la durée d'une oscillation à un millième de seconde près.

374. — Les deux branches d'un tube en U sont verticales et ont pour diamètre respectivement 0m.06 et 0m.03. On y verse d'abord du mercure qui s'élève dans les deux branches à plusieurs centimètres au-dessus du coude.

On demande : 1° quel poids d'eau il faut verser dans la grande branche pour que les deux niveaux du mercure soient distants de 5 mm. (on prendra pour densité du mercure (13,6) ; 2° quel est le déplacement de chacun des niveaux.

375. — Un corps pèse 24 gr. 50 dans l'air et seulement 15 gr. 85 plongé dans l'eau. On demande quel est son volume et quelle est sa densité.

376. — La hauteur barométrique étant 760 mm., quelle est la pression exercée par l'atmosphère sur un cercle de 0 m. 50 de rayon. On sait que la densité du mercure est de 13,6.

377. — Loi de Mariotte. Indiquer sommairement les expériences faites pour la démontrer (ou qui permettent de la vérifier), soit pour les pressions inférieures à l'atmosphère, soit pour les pressions supérieures.

378. — Une machine pneumatique dont le corps de pompe a un volume V communique par un tube fin (de volume négligeable) avec un récipient R formé par un cylindre droit à base circulaire de hauteur l. Sachant que deux coups de piston abaissent la pression à moitié, calculer : 1° Le volume du récipient R. ; 2° Le rayon x de son cercle de base en centimètres.

On fera $V = 2$ litres
$l = 50$ centimètres.

Nota : Les candidats sont priés de reproduire sur leurs copies les opérations par lesquelles ils obtiennent les racines carrées qu'il y aura lieu d'extraire.

379. — Exprimer la théorie de la presse hydraulique et montrer que le travail fourni par le gros piston est égal au travail dépensé sur le petit.

380. — Donner de chacune des grandeurs suivantes une définition indiquant nettement les quantités à mesurer pour en obtenir une valeur numérique : 1° degré thermométrique; 2° coefficient de dilatation ; 3° chaleur spécifique.

381. — Combien un stère de bois, qui pèse 400 kilos et qui se compose de chêne et de sapin, dégagera-t-il de calories en brûlant ? On sait que le stère de chêne pèse 450 kilos, celui de sapin 325 kilos. On sait, en outre, que la combustion

de 1 stère de chêne élève de 0° à à 100° 12150 kilos d'eau et que la combustion de 1 stère de sapin élève de 0° à 100° 8775 kilos d'eau.

382. — Définition de l'état hygrométrique. — Pluie, neige, rosée.

383. — Effets chimiques des courants électriques.

384. — Définition de la déclinaison et de l'inclinaison magnétiques.

385. — Une sphère lumineuse de 20 centimètres de diamètre est située à 5 mètres d'un miroir sphérique concave de 2 mètres de rayon. On demande de calculer le diamètre de l'image.

Chimie

386. — Combien faut-il brûler de phosphore dans l'air ou l'oxygène pour obtenir 9 grammes 4 d'acide phosphorique anhydre, sachant que l'équivalent, du phosphore est 31, celui de l'oxygène, 8 ; ou, si l'on préfère, que le poids atomique du phosphore est 31 et celui de l'oxygène 16.

387. — Combien peut-on obtenir, en poids, d'hydrogène sulfuré en décomposant 100 grammes de sulfure de fer par l'acide sulfurique, étant donné que l'équivalent du fer est 28 et celui du soufre 16 ? (poids atomiques : F, 56 ; S, 32.)

Botanique

388. — Structure de la feuille.

389. — Etamines. — Anthères. — Pollen.

FACULTÉ DE BESANÇON

Arithmétique

390. — On sait que 112 kilogr. d'eau de mer contiennent 55 hectogrammes de sel. Combien faut-il y ajouter d'eau pure pour que 112 kilogr. du mélange ne contiennent que 7 hectogrammes de sel ?

Algèbre

391. — Résoudre l'équation $x^2 + 2x - 8 = 0$.

392. — Inscrire dans un triangle donné un rectangle dont la surface soit égale à un carré donné m^2. Discuter en faisant varier m^2.

Géométrie

393. — Etant données dans un triangle rectangle l'hypoténuse a et la somme S des deux côtés de l'angle droit, calculer ces deux côtés et construire le triangle.

394. — Mener une tangente à un cercle par un point extérieur.

395. — On mène par un point donné P une sécante qui rencontre un cercle donné en deux points M et N. Démontrer que le produit PM $\times$ PN a la même valeur pour toutes les sécantes qui passent par le point P.

Calculer la valeur de ce produit, connaissant la distance OP $= d$ du point P au centre du cercle et le rayon R de ce cercle.

Déterminer une sécante telle que le point M soit le milieu de PN et indiquer dans quel cas le problème est possible.

396. — Quel doit être le rayon d'un cercle pour que, si l'on augmente ce rayon de 1 mètre, la surface augmente de 1 mètre carré ?

397. — Mesure de la surface latérale d'un cône droit, à base circulaire.

398. — Démontrer la formule qui donne la surface latérale du tronc de cône.

399. — Démontrer le volume de la pyramide.

400. — Démontrer que toute section d'une sphère par un plan et un cercle.

401. — On donne une sphère de centre O, soit OA = 2 m. un rayon de cette sphère. Par le point M situé sur OA et tel que OM = 0 m. 50, on mène un plan P perpendiculaire à OA. On demande de calculer la surface latérale et le volume du cône qui a pour sommet le point A et pour base la section déterminée dans la sphère, par le plan P. On prendra avec 4 décimales le nombre qui exprime le rapport de la circonférence au diamètre.

Physique

402. — De la pesanteur. — Lois de la chute des corps.

403. — On laisse tomber un corps pesant d'un point O de l'espace. Une seconde après le commencement de sa chute on lance verticalement de haut en bas, à partir du même point O, un second corps pesant avec une vitesse $2g$, g étant l'accélération due à la pesanteur. On demande à quel moment les deux corps se rencontreront et le chemin qu'ils auront parcouru.

404. — Pendule. Applications.

405. — Conditions de justesse, conditions d'équilibre et conditions de sensibilité d'une balance.

406. — Enoncé et démonstration du principe de Pascal. Description de la presse hydraulique. *Application :* Deux corps de pompe verticaux et cylindriques communiquent entre eux par un tube horizontal ; l'un a une section de 10 centimètres carrés, l'autre de 2 décimètres carrés ; de l'eau se trouve en équilibre dans l'appareil. Si l'on vient à poser sur la surface de l'eau, dans le grand corps de pompe un piston du poids de 200 kilogr. avec quelle force faudra-t-il peser sur la surface du liquide dans le petit corps de pompe pour empêcher le piston de descendre ?

407. — Un parallélépipède de glace ayant 1 m.50 de hauteur, 3 m. 45 de longueur et 1 m. 35 de largeur flotte sur la mer. Quelle est la hauteur de la partie émergée, en admettant que la densité de la glace soit 0,91 et celle de l'eau de mer 1,02 ?

408. — Un cylindre creux en bois, dont le rayon extérieur est R et le rayon intérieur r, est rempli par un cylindre de fer dont le rayon est par conséquent r. La densité du fer étant 7,5 et celle du bois 0,5, quel doit être le rapport des deux rayons R et r pour que le système plongé complètement dans l'eau s'y maintienne sans tomber au fond de l'eau ou remonter à la surface ?

409. — Une couronne qui pèse 300 grammes est formée d'or et d'argent. Dans l'eau cette couronne perd 20 grammes de son poids. La densité de l'or étant 19,5 et celle de l'argent 10,5, on demande quels sont les poids d'or et d'argent entrant dans la couronne.

410. — Loi de Mariotte ; sa démonstration pour les pressions supérieures et inférieures à une atmosphère.

411. — Loi de Mariotte pour la compressibilité des gaz.

412. — Un tube barométrique plonge verticalement dans une cuvette profonde. Il contient à la partie supérieure un volume de 3 centim. d'air sec et la hauteur du mercure dans le tube au-dessus du niveau du mercure de la cuvette est de 588 millimètres. On soulève le tube jusqu'à ce que l'air occupe un volume de 4 centimètres cubes. La hauteur du mercure dans le tube au-dessus du niveau du mercure de la cuvette est alors 630 millim. On demande la valeur de la pression atmosphérique.

413. — Maximum de densité de l'eau.

414. — Définition de l'état hygrométrique : conditions de production de la rosée.

415. — Lois de l'ébullition.

416. — Machine électrique.

417. — Electroscope condensateur.

418. — Enumérer les phénomènes physiologiques, physiques et chimiques des courants produits par les piles.

419. — Définitions de la déclinaison et de l'inclinaison magnétiques.

420. — Théorie du galvanomètre.

421. — Expérience d'Œrsted. — Galvanomètre.

422. — Réflexion de la lumière. Mirbirs plans.

423. — Réfraction de la lumière.

424. — De la loupe, formation des images. Calcul du grossissement produit. Faire ressortir de quelle manière se produit ce grossissement et, par suite, en quoi consiste l'effet utile de la loupe.

Indiquer dans quelles conditions il faut chercher à placer l'objet pour le placer le mieux possible.

425. Exposer le principe de la lunette astronomique.

426. — Production des images dans la loupe et le microscope composé.

Chimie

427. — Phénomènes chimiques de la respiration ; air atmosphérique.

Zoologie

428. — Phénomènes chimiques de la digestion.

429. — Glandes : anatomie, histologie et physiologie. On insistera surtout sur les caractères communs des différentes glandes.

430. — Organes secréteurs annexés au tube digestif et phénomènes chimiques de la digestion.

431. — Aliments. Phénomènes mécaniques et chimiques de la digestion.

432. — Appareil digestif. Description anatomique chez l'homme. Principales variations chez les vertébrés. Phénomènes mécaniques et chimiques de la digestion.

433. — Phénomènes physiques et chimiques de la respiration pulmonaire.

434. — Œil. Vision et accomodation.

435. — Grand sympathique.

Botanique

436. — Caractères extérieurs, structure, fonction de la racine.

437. — Structure et fonctions de la feuille.

438. — Echanges gazeux entre la plante et l'atmosphère dans les plantes à chlorophylle et dans les plantes sans chlorophylle.

439. — Fonction chlorophyllienne.

440. — Respiration des plantes.

FACULTÉ DE BORDEAUX

Arithmétique

441. — Énoncer et démontrer la règle relative à la division d'une fraction ordinaire par une fraction ordinaire.

Réduire à sa plus simple expression le quotient de $\frac{168}{275}$ par $\frac{126}{605}$.

Algèbre.

442. — Résoudre:

$$\frac{x}{6}+\frac{y}{7}=19$$

$$\frac{x}{7}+\frac{y}{6}=20.$$

Géométrie

443. — Dans un triangle ABC, de base AC, on prend le milieu D du côté AB. On prend ensuite, sur le prolongement de AC, CF = BC ; on joint DF qui coupe BC au point H. — Démontrer que le triangle DBH est équivalent au triangle HCF.

444. — On donne un parallélogramme ABCD, on prend un point M sur AB et un point N sur CD tels que AM = CN. Démontrer que la ligne MN divise le parallélogramme en deux parties égales.

445. — Dans un losange, le côté est égal à 5, une des diagonales est égale à 6. Trouver l'autre diagonale et le rayon du cercle inscrit.

446. — Propriétés des sécantes et des tangentes issues d'un même point du plan d'une circonférence.

447. — Par l'extrémité B de la corde AB on mène au cercle O la tangente BC. On prend BC = AB et l'on joint CA. Démontrer que l'arc BD est la moitié de l'arc AB.

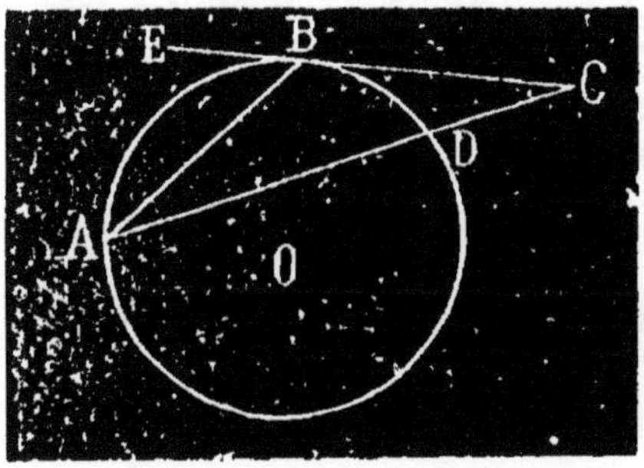

448. — On prolonge le rayon OA d'un cercle d'une longueur égale AB. Par le point B, on mène la tangente BD. On demande d'évaluer en degrés l'angle OBD.

449. — Les carrés des deux côtés de l'angle droit d'un triangle rectangle sont proportionnels aux projections de ces côtés sur l'hypothénuse.

450. — Etant donnée une circonférence de centre O et de rayon OA, on décrit sur ce rayon, comme diamètre, une

nouvelle circonférence. Démontrer que toute corde AM de la circonférence extérieure passant par le point A est coupée par la circonférence intérieure en deux parties égales.

451. — Deux cordes AB, CD d'un même cercle se coupent à angle droit. Démontrer que la somme des arcs AC et BD égale la somme des arcs AD et CB.

452. — Déterminer le rapport des surfaces de l'hexagone régulier inscrit dans une circonférence et de l'hexagone régulier circonscrit à la même circonférence.

453*. — On prolonge le rayon OC d'un cercle d'une longueur CB = OC. Par le point B, on mène BA, tangente au cercle. Démontrer que la surface du triangle OAB est le tiers de la surface de l'hexagone régulier inscrit dans le cercle O.

454. — Démontrer le théorème relatif à la mesure de la surface du trapèze.

455. — On trace deux droites AB, A'B' qui se rencontrent en dehors des limites du tableau ; construire la droite qui passe par un point donné P et par le point de rencontre des deux droites.

456. — Etant données deux sphères concentriques, on les coupe par un plan quelconque. Démontrer que la différence des aires des deux cercles ainsi déterminés est constante.

Physique

457. — Quelles sont les expériences par lesquelles on démontre la pesanteur de l'air ?

458.—La base du petit piston d'une presse hydraulique est un cercle de 20 mm. de diamètre ; celle du grand piston est un carré de 10 cent. 35 de côté.

Quel poids faudra-t-il faire agir sur la première pour faire équilibre à un poids de 25 kilog. agissant sur la seconde ?

459. — Décrire et expliquer le jeu de la pompe à comprimer les gaz.

460.— Par quelles expériences démontre-t-on le maximum de densité de l'eau ?

461. — Définition des chaleurs spécifiques.— Principe de la méthode des mélanges.

462. — Equivalent mécanique de la chaleur.

463. — Principe de la machine à vapeur.

464. — Une bonne machine à vapeur, développant une puissance de 10 chevaux-vapeur par seconde, consomme par

heure 10 kilogrammes d'un charbon qui dégage 7.500 calories par kilogramme. Calculer le rapport de la chaleur utilisée, c'est-à-dire transformée en travail par la machine, à la chaleur totale dépensée, en adoptant pour représenter l'équivalent mécanique de la chaleur le nombre 425.

SOLUTION

Un kilogramme de charbon donne 7,500 calories; la quantité de chaleur dépensée est donc par heure

$$10 \times 7{,}500 \text{ calories.}$$

D'autre part, la puissance de la machine est par seconde 10×75 kilogrammètres, et par heure

$$10 \times 75 \times 60 \times 60\ ;$$

Comme une calorie équivaut à 425 kilogrammètres ; la quantité de chaleur utilisée est :

$$\frac{10 \times 75 \times 60 \times 60}{425} \text{ calories.}$$

Le rapport demandé est alors :

$$\frac{\dfrac{10 \times 75 \times 60 \times 60}{425}}{10 \times 7{,}500}$$

ou

$$\frac{10 \times 75 \times 60 \times 60}{10 \times 7{,}500 \times 425} = \frac{36}{425}$$

ou

$$0{,}0846.$$

465. — Aimantation par les courants. — Electro-aimants.

466. — Miroirs sphériques concaves.

467. — Spectre solaire. Spectres des diverses sources lumineuses.

Chimie

468. — Sulfure de carbone. Ses applications.

Zoologie

469. — Composition et usages du sang.

470. — Description de l'œil humain, son fonctionnement.

471. — Squelette de l'homme.

FACULTÉ DE CAEN

Arithmétique.

472. — Théorie de la multiplication.

473. — Etant donnés les nombres 360, 504, 756, déterminer leur plus grand commun diviseur, leur plus petit commun multiple et le quotient de la division de ce dernier par chacun d'eux.

474. — Etablir la condition nécessaire et suffisante pour qu'une fraction irréductible puisse être exactement convertie en fraction décimale.

475. — Extraire la racine carrée du nombre 234526793.

476. — 90 pièces de 5 francs placées dans le plateau d'une balance font équilibre à un vase contenant deux fois son poids d'eau. Exprimer en centimètres cubes la quantité d'eau contenue dans le vase.

477. — Deux mobiles partent en même temps d'un même point d'une circonférence autour de laquelle ils tournent; ils suivent une même direction et leurs vitesses sont constantes. Le premier parcourt 5,36 à la seconde et le second 4,32. Dire au bout de combien de temps ces deux mobiles se rencontreront. L'indiquer en heures, minutes et secondes.

478. — La somme des mises de deux associés est 162.000 francs et la différence de ces mises est 18.000 francs. Le bénéfice est 40.000 francs. Quelle est la part de chaque associé ?

479. — La somme des mises de deux associés est 176.000 francs, la différence de ces mises 68.000 francs et le bénéfice 21.120 francs. Quelle est la part de chaque associé ?

480. — Trois héritiers ont à se partager un héritage de 582.000 francs en trois parties telles que la première et la seconde soient proportionnelles aux nombres $\frac{3}{8}$ et $1\frac{1}{2}$, et que la deuxième et la troisième soient proportionnelles aux nombres $1\frac{1}{3}$ et $3\frac{1}{2}$. Quelle sera la part de chacun ?

481. — Partager 582.000 en trois parties, telles que la

première et la seconde soient proportionnelles aux nombres $\frac{5}{8}$ et $1\frac{1}{2}$ et que la deuxième et la troisième soient proportionnelles aux nombres $1\frac{1}{3}$ et $3\frac{1}{2}$.

482. — Un voyageur dépense chaque jour la moitié de ce qu'il possède, plus 1 franc. Après trois jours, il a tout dépensé. Quelle somme avait-il ?

483. — Un fossé, large de 3 mètres au niveau du sol et de 2 mètres au fond, long de 120 mètres et profond de 3 mètres a été creusé en 20 jours par 12 ouvriers travaillant 10 heures par jour. On demande combien de jours 8 ouvriers, travaillant 8 heures par jour, mettront à creuser un fossé qui, large de 4 mètres au niveau du sol et de 3 mètres au fond aurait 80 mètres de long et 2 mètres de profondeur. Indiquer le raisonnement et reproduire les opérations sur la copie.

484. — Un billet de 450 francs a été escompté au taux de 6 0/0. Il a subi une retenue de 12 francs. Dire dans combien de temps il était payable, l'escompte étant pris en dedans. Indiquer sur la copie le raisonnement et les calculs.

485. — Un billet de 10.000 francs a été escompté au taux de 6 0/0 et a subi une retenue de 240 francs. A quelle époque était-il payable ? (l'intérêt pris en dedans).

486. — Un lingot d'or, au titre de 0,887, pèse 80 kilog. Quelle quantité d'or pur faut-il lui allier pour l'amener au titre légal de 0,900 ?

487. — Un orfèvre ayant deux lingots d'or, le premier au titre de 0,95, le second au titre de 0,78, veut faire un lingot pesant 425 grammes au titre de 0,87. Combien doit-il prendre de grammes de chacun des deux premiers lingots ?

Géométrie.

488. — Démontrer : 1° Que les diagonales d'un rectangle sont égales ; 2° qu'elles se divisent en parties égales.

489. — Étant donnés les rayons de deux cercles et la distance de leurs centres, on demande de calculer la distance de l'un des centres au point où les tangentes extérieures communes rencontrent la droite qui joint les centres. On désignera par R et R' les rayons, par D la distance des centres et par x la distance du cercle R' au point cherché.

Discuter la solution en supposant : 1° $R > R'$ avec $D > 0$; 2° $R = R'$ avec $D > 0$; 3° $R = R'$ avec $D = 0$; 4° $R < R'$.

490. — Construire la moyenne entre deux lignes données.

491. — Démontrer que les aires de deux triangles semblables sont entre elles dans le même rapport que les carrés des côtés homologues.

492. — Diviser un trapèze donné en deux parties équivalentes au moyen d'une parallèle à ses bases.

493. — Etant donné un triangle ABC, déterminer à l'aide de la règle et du compas la position d'une sécante EF parallèle à BC et telle que l'aire du triangle AEF soit le tiers de l'aire du triangle ABC.

494. — Volume la pyramide.

495. — Un premier cylindre a pour densité 7 et pour rayon de base 1 mètre, un second cylindre a pour densité 4 et pour rayon de base 3 mètres. Dire quel est le rapport des hauteurs, sachant que les deux cylindres ont le même poids.

496. — On considère deux cylindres massifs de même rayon, l'un d'acier, l'autre de platine ; on suppose qu'ils ont le même poids et celui d'acier a une hauteur de 40 centimètres. On demande la hauteur du cylindre de platine.

Densité de l'acier; 7,5
— de platine, 23,5

Physique.

497. — Enoncer et démontrer les lois de la chute des corps.

497 *bis*. — A quelle hauteur au-dessus du sol doit se trouver un corps pesant pour que sa chute ait une durée de 5 secondes ?

498. — Lois de la chute des corps. Machine d'Atwood.

499. — On laisse tomber une balle de plomb du haut de la tour Eiffel. Evaluer en secondes le temps au bout duquel elle aura rencontré le sol. On sait que la tour Eiffel a 300 mètres de hauteur et que l'espace parcouru sous l'influence de la pesanteur pendant la 1re seconde de chute est de 4m9.

500. — La balance : justesse et sensibilité.

501. — Au centre de la base supérieure d'un tonneau plein d'eau est fixé un tube ouvert à ses deux extrémités. On demande quel est l'accroissement de pression sur la base infé-

rieure de ce tonneau, qui résultera de l'introduction dans le tube de 1 kilog. d'eau.

Le rayon de la base du tonneau est de 0,30c, celui du tube de 0,01c.

502. — Principe d'Archimède. Enoncé et démonstration expérimentale.

503. — Déterminer le poids spécifique d'un corps au moyen de l'aréomètre de Nicholson.

504. — Un cube ayant 5 centimètres de côté, pesant 102 grammes, et lesté par une balle sphérique de plomb de 1 centimètre de rayon, reste en équilibre quand on le plonge dans une dissolution saline. Calculer la densité de ce liquide, celle du plomb = 11,4.

505. — Calculer le volume de mercure qu'il faut introduire dans une sphère creuse de fer pesant 100 grammes et ayant 12 cent. de diamètre extérieur, pour qu'elle flotte sur l'eau à 4°, de telle sorte que la ligne de flottaison soit un grand cercle. La densité du mercure à 4° est 13,6.

506. — Un cylindre de platine a 2 centim. de hauteur; il est surmonté d'un cylindre de fer de même rayon que le premier. Quelle hauteur faut-il donner au cylindre de fer pour que sa base supérieure affleure le niveau du liquide quand on plonge le système dans un vase contenant du mercure ?

Densité du platine = 21,6
— du fer = 7,8
— du mercure = 13,6

507. — Le baromètre, sa construction, ses usages.

508. — Calculer la pression totale exercée par l'atmosphère sur la surface d'un rectangle dont un côté est égal à 2m25 et une diagonale à 3m53, le thermomètre marquant 0° et le baromètre 760mm. On prendra 13,6 pour la densité du mercure.

509. — Loi de Mariotte. Sa vérification expérimentale.

510. — On a un ballon sphérique de 10 mètres de diamètre ; on l'emplit d'hydrogène impur qui pèse 100 grammes le mètre cube ; le taffetas de l'enveloppe pèse 250 grammes le mètre carré. On demande : 1° combien il faudra d'hydrogène pour le remplir ; 2° à quel poids il peut faire équilibre. L'air pèse 1.300 grammes le mètre cube.

511. — Une barre de métal mesure 4m860 à 15°. On de-

mande quelles seront ses longueurs à 10° et à 50°. Le coefficient de dilatation du métal est $\frac{1}{1.200}$.

512. — Calculer le coefficient de dilatation *linéaire* du cuivre sachant que, pour une élévation donnée de température, une barre de cuivre, de 11m de longueur à 0°, s'allonge autant qu'une barre d'acier dont la longueur à 0° serait 16m, et que le coefficient de dilatation *cubique* de l'acier est égal à 0,00003465.

513. — Machine à vapeur.

514. — Electroscope à feuilles d'or.

515. — Théorie des condensateurs électriques.

516. — Le condensateur électrique, sa théorie, bouteille de Leyde.

517. — Le galvanomètre, description, théorie, usages.

518. — Indiquer comment on produit l'aimantation par les courants et énumérer les applications pratiques du phénomène.

519. — Télégraphe électrique.

520. — Principe du télégraphe électrique.

521. — Prisme. Décomposition et recomposition de la lumière. Spectre solaire.

522. — Théorie de la loupe.

Chimie.

523. — Ammoniaque.

524. — Préparation et propriétés de l'acide carbonique.

525. — Acide carbonique, préparation. Propriétés, son rôle dans la nature.

Zoologie.

526. — De quoi se compose une dent ?

527. — Description sommaire de l'estomac chez l'homme, indiquer son rôle dans la digestion.

528. — Estomac et digestion stomacale.

529. — Glandes abdominales du tube digestif. Liquides sécrétés, leur rôle dans la digestion.

530. — Digestion chez l'homme.

531. — Décrire l'appareil de la circulation chez l'homme.

532. — Du sang chez l'homme. Sa composition. Son rôle physiologique.

533. — Circulation des mammifères.

534. — Mécanisme de la respiration chez l'homme.

535. — Phénomènes mécaniques de la respiration de l'homme.

536. — Physiologie de la respiration chez l'homme.

537. — Organe de l'ouïe chez l'homme.

538. — Squelette. Tissu osseux.

539. — Description sommaire du système nerveux de l'homme.

540. — Description sommaire de l'encéphale de l'homme. Indiquer ses fonctions.

541. — Moelle épinière. Propriétés des racines des nerfs rachidiens.

Botanique.

542. — La racine, sa structure, ses fonctions.

543. — Croissance et structure de la tige chez les dicotylédones.

544. — Structure de la feuille des phanérogames.

545. — Structure et croissance de la feuille.

546. — Indiquer les formes et les dispositions des feuilles dans les dicotylédones.

547. — Structure des carpelles. Ovule.

548. — Décrire la reproduction des cryptogames vasculaires.

FACULTÉ DE CLERMONT

Algèbre.

549. — Résolution de l'équation du 2e degré :

$$5x^2 + 7x - 10 = 0.$$

Géométrie.

550. — Propriété des sécantes à un cercle qui passent par le même point. — Enoncé et démonstration. — Réciproque.

Application. — Deux droites rectangulaires AOB, COD, sont coupées par un cercle aux points A, B, C, D.

On donne OA = 15 m.
OC = 13 m.
OD = 45 m.

Calculer : 1° OB ; 2° le rayon du cercle.

551. — Deux triangles qui ont un angle égal compris entre côtés proportionnels sont semblables.

552. — Deux triangles sont semblables lorsqu'ils ont leurs côtés homologues.

553. — Déterminer la distance d'un point A, où l'on est, à un point B, visible, mais inaccessible. Déterminer la distance de ce point B à un point C, également visible et inaccessible.

554. — 1° Inscrire un hexagone régulier dans un cercle.

2° Soit AB un arc de cercle sous-tendu par une corde égale au rayon R. On mène le diamètre, qui passe par le milieu M de l'arc AB et on prend sur ce diamètre, du côté du centre et à partir du point M une longueur MC = 3R. On joint le point C aux extrémités A et B de l'arc AB. Les lignes CA et CB prolongées vont rencontrer la tangente en M à la circonférence aux points A' et B'. Calculer la longueur A'B' à $\frac{1}{1.000}$ près. On prendra le rayon pour unité.

555. — Construire les côtés d'un rectangle, connaissant la longueur p du demi-périmètre et le côté a du carré équivalent au rectangle. — Calculer ces côtés dans le cas où $p = 61$ m., $a = 30$ m.

556. — On joint les milieux des côtés d'un quadrilatère ABCD. Démontrer que la figure MNPQ est un parallélogramme. Trouver le rapport de sa surface à celle du quadrilatère.

557. — Aire du trapèze. Sa mesure. Démonstration.

557 *bis.* — Calculer le rapport de la circonférence au diamètre.

558. — Volume du tronc de pyramide.

559. — 1° Volume du tronc de pyramide à bases parallèles.

2° Une pyramide a pour base un carré dont le côté est

12 m. Sa hauteur est 9 m. On mène un plan parallèle à la base distant de 3 m. du sommet : calculer le volume du tronc de pyramide ainsi formé.

560. — Volume engendré par un triangle en tournant autour d'un axe situé dans son plan, passant par un de ses sommets et ne traversant pas le triangle.

561. — Volume du tronc de cône.

562. — Surface la sphère.

Physique.

563. — Principe d'Archimède.

564. — Aréomètres à poids constant.

565. — Loi de Mariotte.

566. — Loi de Mariotte. Manomètre. Machine pneumatique.

567. — Pompe aspirante.

568. — Dilatation des corps par la chaleur. Construction et usages des thermomètres.

569. — Etat hygrométrique. Hygromètres.

570. — Expériences d'OErsted. Galvanomètre.

571. — Lunette astronomique.

572. — Microscope composé. — Marche des rayons. — Grossissement.

573. — Marche de la lumière à travers les prismes. Spectre solaire.

574. — Mode de propagation de la lumière. Spectres de diverses sources lumineuses. Radiations diverses. Photographie.

Chimie.

575. — Air atmosphérique, sa composition, analyse qualitative et quantitative.

576. — Ammoniaque.

577. — Acide chlorhydrique. Principaux chlorures.

578. — Composition et propriétés de l'eau régale.

579. — Préparation et propriétés de l'acide sulfhydrique.

580. — Phosphore : ses propriétés, sa préparation.

581. — Le phosphore. — Propriétés. — Préparation. — Applications industrielles.

Zoologie.

582. — Appareil digestif. Phénomène de la digestion.

583. — Les glandes digestives et les sucs qu'elles sécrètent. Action de ces sucs sur les aliments.

584. Cœur. Circulation.

585. — Le sang et l'appareil circulatoire chez l'homme et les vertébrés.

586. — Appareil urinaire. Composition de l'urine.

587. — Du foie chez les vertébrés. Fonction glycogénique.

588. — Structure et fonction des muscles.

589. — Disposition anatomique des organes respiratoires dans les divers types d'animaux.

590. — L'œil, la vision.

591. — Description sommaire du système nerveux. Encéphale. Moelle épinière. Nerfs moteurs et sensitifs mixtes. Système grand sympathique, nerfs vaso-moteurs.

592. — Principales modifications du système nerveux dans la série animale.

Botanique.

593. — Croissance et fonctions de la racine.

594. — La feuille. Sa forme. Sa structure. Ses fonctions.

595. — La feuille, son organisation, sa structure, ses formes, ses fonctions.

596. — La fleur. Ses parties constituantes. Physiologie de ces parties.

597. — La fleur. Son organisation générale.

598. — Organisation de la fleur au moment de la fécondation. Marche de ce phénomène.

599. — Réserves nutritives chez les plantes.

FACULTÉ DE DIJON

Arithmétique.

600. — Réduire à sa plus simple expression la fraction $\frac{570940}{780720}$. Justifier la marche du calcul.

601. — Condition nécessaire et suffisante pour qu'une fraction ordinaire puisse être réduite à une fraction décimale exacte.

Application : $\frac{27}{45}$, $\frac{91}{104}$.

602. — Théorie de l'extraction de la racine carrée des nombres entiers.

603. — Partager 2,655 en trois parties proportionnelles aux nombres 3, 5, 7.

604. — Partager 470 en parties proportionnelles aux nombres 2, 3, 5.

Algèbre.

605. — Résoudre l'équation $x^2 - 18x + 32 = 0$.

Géométrie.

606. — Mesure de l'angle inscrit dans une circonférence.

607. — On demande la mesure d'un angle qui a son sommet :

1° Sur la circonférence ;

2° A l'intérieur de la circonférence ;

3° A l'extérieur de la circonférence, et dont les côtés coupent cette circonférence.

608. — Sur un plan on trace une circonférence et on marque un point. Cela fait, on propose de décrire, avec un rayon donné, une seconde circonférence tangente à la première et passant par le point. Discuter.

609. — La bissectrice d'un angle d'un triangle partage le côté opposé en parties proportionnelles aux côtés adjacents.

610. — Une sécante de cercle a 400 mètres ; sa partie extérieure 18 mètres. Quelle est la longueur de la tangente partant du même point que la sécante?

611. — Construire une moyenne proportionnelle entre deux longueurs données.

612. — Connaissant le nombre *n* des diagonales d'un polygone, calculer le nombre de ses côtés.

Application. — Quel est le polygone ayant 54 diagonales?

613. — Comment circonscrit-on une circonférence à un carré? Combien de mètres a le rayon d'une circonférence circonscrite à un carré dont la surface a 16 ares?

614. — Inscrire un hexagone régulier dans un cercle.

615. — Trouver le côté de l'hexagone régulier circonscrit à un cercle de rayon *r*.

616. — Inscrire dans une circonférence de rayon R un triangle équilatéral. Calculer le côté du triangle en fonction du rayon.

617. — Si 2 polygones réguliers semblables sont l'un inscrit, l'autre circonscrit à une circonférence, la circonférence est moyenne proportionnelle entre la circonférence inscrite dans le premier polygone et la circonférence inscrite au second.

618. — Quelle est la surface d'un rectangle dont le diagonale a 75 mètres, sachant que les côtés sont dans le rapport de 3 à 4 ?

619. — Calculer la surface d'un trapèze inscrit dans une circonférence de 7 mètres de diamètre, sachant qu'une des bases est un diamètre et que l'autre est le côté du carré inscrit.

620. — On donne un cercle de rayon R et on demande : 1° la valeur du côté de l'hexagone régulier circonscrit à ce cercle; 2° la surface de cet hexagone; 3° d'établir le rapport de la valeur de cette surface à celle de l'hexagone régulier inscrit dans la même circonférence.

621. — Une couronne plane est comprise entre deux circonférences concentriques dont l'ensemble forme ainsi son périmètre total. La longueur de ce périmètre exprimée en mètres est 24π; l'aire de la couronne exprimée en mètres carrés est 48π. On demande les rayons des deux circonférences.

622. — Calculer la surface latérale d'un cône de révolution sachant que la base est un cercle dont le rayon est de 1 mètre et que la hauteur est de 4 mètres.

623. — 1° Mesure de la surface d'un tronc de cône droit à bases parallèles.

2° Evaluer numériquement cette surface pour un tronc de cone dont la hauteur est de 4 mètres, et dont les rayons des bases sont égaux respectivement à 2 mètres et à 5 mètres.

Physique.

624. — Enoncer la loi de Mariotte. Comment démontre-t-on cette loi : 1° pour des pressions supérieures ; 2° pour des pressions inférieures à la pression atmosphérique ?

625. — Un thermomètre étant rempli, en déterminer les points fixes.

626. — Maximum de densité de l'eau. Par quelle expérience vérifie-t-on son existence ?

627. — Electrophore et électromètre condensateur.

628. — Electroscope à feuilles d'or.

629. — Machine électrique de Ramsden.

630. — Description, théorie et principales applications de la pile de Daniell.

631. — Définition et détermination de la déclinaison et de l'inclinaison.

632. — Expérience d'OErsted. Galvanomètre.

633. — Galvanomètre, théorie, description, usages.

634. — Solénoïdes. Comparaison avec les aimants.

635. — Donner une idée des principaux moyens qui ont servi à déterminer la vitesse de propagation de la lumière.

636. — Image d'un point lumineux sur un miroir plan.

637. — Lois de la réflexion. Démonstration expérimentale. Formation des images dans les miroirs sphériques, concaves et convexes.

638. — Foyers. — Images fournies par les miroirs sphériques concaves.

639. — La loupe.

640. — Principe de la lunette astronomique et du microscope.

Chimie.

641. — Exposer les méthodes d'analyse et de synthèse qui ont été employées pour établir la composition de l'eau.

642. — Préparation de l'azote.

643. — Préparation et principales propriétés de l'acide azotique.

644. — Préparation et principales propriétés de l'ammoniaque.

645. — Préparation et propriétés du chlore.

646. — Préparation et propriétés de l'oxyde de carbone.

Zoologie.

647. — Foie. Fonction glycogénique.

648. — Phénomènes respiratoires chez les vertébrés ; actions mécaniques, actions chimiques. (Inutile de donner la description des appareils.)

Botanique.

649. — Structure, croissance et fonctions de la racine.

650. — Germination de la graine.

651. — Etamines et pollen.

652. — Le fruit.

FACULTÉ DE GRENOBLE

Arithmétique

653. — Deux substances ont des densités exprimées par $\frac{4}{15}$ et $\frac{11}{10}$. Combien faut-il prendre de chacune pour avoir un mélange du poids de 125 kilogr. avec une densité exprimée par $\frac{5}{6}$?

654. — On fait une remonte de 1,200 chevaux qu'on doit distribuer à trois régiments de dragons en raison de leur force. La force du premier est à celle du second comme 11 est à 8 et la force du second est à celle du troisième comme 9 est à 7. On demande combien chaque régiment aura de chevaux.

655. — Trois personnes se sont réunies pour un commerce. La première a placé 15.000 fr., la deuxième 22.540 fr. et la troisième 25.600 fr.; au bout d'un an elles ont fait un bénéfice de 12.000 fr. On demande ce qui revient à chacun des associés. (Analyser la solution).

656. — Un équipage n'a plus que 20 jours de vivres et cependant il doit encore tenir la mer pendant 35 jours. On demande à combien on doit réduire la ration journalière qui est de 490 grammes par individu.

657. — Vingt ouvriers ont employé 18 jours à faire un certain ouvrage de 500 mètres. On demande en combien de jours 76 ouvriers feront 1.265 mètres du même ouvrage,

658. — On emploie trois ouvriers pour faire un ouvrage. Le 1er le ferait seul en 12 jours. en travaillant 10 heures par jour ; le 2e en 15 jours, en travaillant 6 heures par jour ; le troisième en 9 jours en travaillant 8 heures par jour. On demande: 1° dans combien de temps ces trois ouvriers, travaillant ensemble, feront cet ouvrage ; 2° ce que chacun fera; 3° ce qu'il gagnera, l'ouvrage total étant payé 108 francs.

659. — Une somme de 3750 francs a rapporté 719 fr. 25 d'intérêt au bout de 2 ans 6 mois. On demande le taux auquel elle a été placée. Analyser le problème.

660. — On a fondu ensemble 3 lingots d'alliage (argent, cuivre) :

1° Au titre de 0,887 pèse 2 k. 826 ;
2° — 0,920 — 1 k. 812 ;
3° — 0,842 — 3 k. 248 ;

On demande le titre de l'alliage par rapport à l'argent.

Algèbre

661. — Trouver deux nombres dont la somme soit a et la différence b.

662. — Calculer la valeur de x dans l'équation suivante :

$$\frac{2}{3x} + 5 = 4x.$$

Géométrie

663. — Démontrer que lorsqu'on joint les milieux des côtés d'un quadrilatère quelconque, on obtient une figure qui est un parallélogramme.

664. — Dans un polygone régulier, la somme des angles au centre, des angles extérieurs et des angles aux sommets vaut 1.260°. Quel est ce polygone ?

665. — Définition et mesure de l'angle inscrit. Qu'entend-on par segment capable d'un angle donné.

666. — On donne un angle xAy et une circonférence O tangente aux 2 côtés de cet angle. On donne le rayon R de cette circonférence et la distance a de son centre O au sommet A de l'angle. On construit une circonférence O' tangente à la circonférence O et aux deux côtés de l'angle xAy. Calculer : 1° le rayon de la circonférence O' ; 2° la distance du centre O' de cette circonférence au point A.

667. — Connaissant les rayons AO et ao de deux cercles et la distance Oo de leurs centres, savoir : AO = 8 m., ao = 3 m., Oo = 15 m., trouver à 0 m. 001 près la longueur Aa de la tangente commune menée extérieurement à ces cercles.

668. — On donne un triangle rectangle ABC et la hauteur AH abaissée du sommet de l'angle droit sur l'hypoténuse.

1° Du point A comme centre avec AH comme rayon on décrit une circonférence. Des points B et C on mène des tangentes à cette circonférence ; démontrer que ces tangentes sont parallèles.

2° Du point B avec BH pour rayon et du point C avec CH pour rayon on décrit deux circonférences. Du point A on mène des tangentes à ces deux circonférences ; démontrer que ces deux tangentes sont en ligne droite.

669. — Dans un triangle isocèle ABC on donne la base BC = a. On demande de calculer la hauteur AD sachant que:

$$AD + 2BC = AB + AC.$$

670. — Dans un triangle ABC rectangle en A on donne : le côté AB = 7 m., le segment BD déterminé sur l'hypoténuse par la bissectrice de l'angle droit, BD = 5 m. On demande les longueurs du côté AC et du segment DC.

671. — Connaissant les longueurs de deux segments BH, HC déterminés sur l'hypoténuse d'un triangle ABC par la perpendiculaire AH abaissée du sommet A sur l'hypoté-

nuse, calculer la hauteur AH et les deux côtés de l'angle droit.

Calculer le seul côté AC, connaissant :

BH = 114 m, 12; HC = 202 m. 88.

Le résultat devra être obtenu avec une erreur inférieure à 1 décimètre.

672. — L'hypoténuse d'un triangle rectangle isocèle a une longueur de 12.468 mètres. On demande de calculer la longueur d'un des côtés de l'angle droit. Présenter le détail des calculs.

673. — Construire un triangle rectangle, connaissant l'un des angles aigus et le rayon du cercle inscrit.

674. — Trouver, en fonction du rayon, la valeur du côté du triangle équilatéral inscrit dans un cercle.

675. — Sur chacun des côtés, de longueur *a*, d'un hexagone régulier, on construit un carré. En réunissant, par des lignes droites, les sommets libres des carrés on obtient un polygone de 12 côtés. Démontrer que ce dodécagone est régulier et trouver sa surface.

676. — Trouver l'aire d'un trapèze rectangle dans lequel un des angles est de 60°, connaissant les deux bases parallèles B et *b*.

677. — Les deux côtés AB et AC qui comprennent l'angle droit du triangle rectangle ABC, sont respectivement égaux à 6 mètres et à 8 mètres. On demande de calculer la hauteur AD du triangle et les surfaces des deux triangles partiels ABD, ACD.

678. — Construire un carré équivalent à un triangle donné (dont la base et la hauteur sont, par conséquent, communes).

679. — Quelle est la mesure du volume d'une pyramide à base polygonale ? En faire la démonstration.

680. — Trouver le volume d'un tronc de pyramide.

681. — Calculer le volume d'une pyramide à base rectangulaire, sachant que la diagonale du rectangle est de 50 mètres, sa base de 40 mètres, et la hauteur de la pyramide de 300 mètres.

682. — Etant donné un cylindre dont la hauteur est de 0 m. 8 et dont la circonférence de base est de 0 m. 3, on demande le poids de l'eau et le poids de l'air que ce cylindre peut contenir.

683. — Surface et volume du tronc de cône.

683 *bis*. — Une sphère étant donnée, mener un plan tel que le cercle ainsi obtenu ait une surface égale aux trois quarts de la zone.

684. — A quelle distance du centre d'une sphère faut-il faire passer un plan, pour la diviser en deux zones dont l'une soit le double de l'autre ?

685. — Quel serait le volume engendré par la révolution d'un triangle rectangle ABC autour de son hypoténuse BC ?

Quel serait le rapport de la surface engendrée par le côté AB à celle engendrée par AC ?

Quel serait le rapport des deux parties du volume total limitées par le cercle dont le rayon serait la hauteur AH ?

On supposera AB = 3 décimètres, AC = 4 décimètres.

686. — Le double litre en étain est un cylindre dont la profondeur égale deux fois le diamètre. Dans ce cylindre, on introduit deux boules de même diamètre que lui et on le remplit d'eau. Trouver le poids de cette eau.

Physique

687. — Principe d'Archimède.

688. — Un corps pèse 10 gr. dans le vide, 8 gr. dans l'eau, 6 gr. dans un autre liquide. Quelle est la densité de ce liquide ?

689. — Pression atmosphérique. Baromètre.

690. — Pression atmosphérique. Sa mesure au moyen du baromètre. Calculer la pression exercée par l'atmosphère sur une surface plane de 13 décimètres carrés, quand la hauteur du baromètre est égale à 740 millim., la densité du mercure étant 13,6.

691. — Thermomètre.

692. — Electrisation par influence ; électroscope à feuilles d'or, description et usages de l'appareil.

693. — Description, usages et théorie de l'électroscope à feuilles d'or.

694. — La loupe.

695. — Chambre noire. Photographie.

696. — Actions chimiques de la lumière. Photographie.

Chimie

697. — Acide chlorhydrique. Chlore. Chlorures.

698. — Le soufre.

699. — Acide carbonique. Préparation. Propriétés.

Zoologie

700. — Appareil de la digestion chez l'homme. Glandes qui en dépendent.

701. — Structure des dents. Dentition de l'homme.

702. — Principaux phénomènes de la digestion chez l'homme.

703. — Phénomènes chimiques de la digestion.

704. — La circulation chez l'homme.

705. — Le sang ; sa composition ; son rôle.

706. — Phénomènes mécaniques de la respiration.

707. — De l'œil.

708. — L'oreille et l'audition.

709. — Le larynx et la phonation.

710. — La colonne vertébrale.

711*. — Moelle épinière. Propriétés des racines des nerfs rachidiens.

Botanique

712. — Structure externe de la feuille ; son polymorphisme.

713. — Structure externe et interne de la feuille.

714. — La fleur.

715. — Structure générale d'une fleur complète (donné 3 fois).

716. — De combien de manières une fleur peut-elle être incomplète ? Citer des exemples.

717*. — Qu'est-ce que le fruit ? Sa structure générale. En citer quelques-uns.

FACULTÉ DE LILLE

Arithmétique

718. — Un ouvrier gagne 4 fr. 75 par jour quand il travaille. Qu'il travaille ou non, sa dépense journalière est de 2 fr. 75. Au bout de 36 jours, cet ouvrier s'aperçoit qu'il lui manque 0 fr. 75 pour faire face à sa dépense des 4 jours suivants pendant lesquels il n'aura pas d'ouvrage, Combien avait-il travaillé de jours dans les 36 jours précédents ?

719. — On a placé une somme A à intérêts simples pendant 15 mois au taux de 5 0/0. Elle est devenue capital et intérêts compris, K. D'autre part, en plaçant K augmenté de 16.000 francs, dans les mêmes conditions que A, on aurait, en capital et intérêts réunis, au bout de 15 mois une somme de 2 K.

Trouver la somme A, l'intérêt produit par la somme A dans les conditions du placement et la somme K.

Géométrie

720. — Expliquer comment on peut construire la moyenne proportionnelle ou géométrique entre deux droites données.

721. — Démontrer que la bissectrice de l'angle intérieur d'un triangle divise le côté opposé en deux segments qui sont proportionnels aux côtés adjacents.

722. — Les trois côtés d'un triangle sont AB = 25 m., AC = 34 m. et BC = 47 m. Déterminer les segments interceptés sur le troisième côté par la bissectrice AD menée du sommet A sur la base BC.

723. — Etant donné un triangle ayant 12 m. de base et 9 m. de hauteur, on demande de calculer la longueur du côté du carré inscrit dans ce triangle.

BC = 12 mètres ; AD = 9 mètres.

724. — Le diamètre AB d'une circonférence est égal à 5 mètres. D'un point M pris sur ce diamètre, on élève une droite MC, perpendiculaire à AB, qui coupe la circonférence en un point C'. Sachant que le rapport $\frac{AM}{MB}$ des distances du

point M aux points A et B est égal à $\frac{16}{9}$ trouver les longueurs des deux cordes AC et BC.

725. — Calculer l'expression de la surface de l'hexagone régulier, connaissant le rayon. Application : R = 2 m. 30.

726. — Calculer à un centim. près le rayon du cercle circonscrit à un triangle équilatéral dont le côté est de 10 mètres.

727. — Trouver à un centim. près le rayon d'un cercle dont la surface soit équivalente à la somme des surfaces de deux cercles donnés, le rayon du premier étant de 4 m. 37 et celui du second de 6 m. 25.

728. — Une pyramide régulière a pour base un hexagone de côté a, sa hauteur est h. On coupe cette pyramide par un plan parallèle à sa base et situé à une distance de cette base égale à $\frac{h}{3}$. On demande de calculer l'aire de la section ainsi obtenue.

Application numérique :

$$a = 6 \text{ mètres}, \quad h = 9 \text{ mètres}.$$

729. — Un cylindre creux en fonte, ouvert aux deux bouts, a un diamètre extérieur de 7 centimètres. Sa hauteur est de 3 mètres. La paroi a une épaisseur de 10 millimètres. On demande quel est le poids de ce cylindre, sachant que le poids spécifique de la fonte est 7,053.

730. — Un arbre cylindrique d'acier de 1 m. 50 de longueur pèse 180 kilog. 0162. Trouver son rayon, sachant que le poids spécifique de l'acier est 7 kilog. 8. On prendra $\pi = 3,14$.

731. — Un vase conique équilatéral. c'est-à dire dont le diamètre est égal au côté, a un rayon intérieur égal à 6 centimètres. On se propose de le remplir de mercure et d'eau distillée, de telle sorte que le plan de séparation des deux liquide partage la hauteur du cône en deux parties égales. On demande, à un centigr. près, le poids de l'eau et celui du mercure employés, sachant que le mercure a pour densité 13,6.

732. — Une sphère métallique massive a une surface de 804 c. m. q., 25 et pèse 73 kil., 347. On désire donner à cette sphère la forme d'un cône droit de même rayon que la sphère. On demande de calculer ce rayon, la hauteur du cône et la densité du métal.

Physique

733. — Qu'entend-on par poids spécifique d'un corps ? Comment peut-on déterminer le poids spécifique des solides et des liquides ?

734. — Enoncer la loi de Mariotte et en indiquer la démonstration.

735. — Presse hydraulique. Description sommaire. Principes sur lesquels repose cet appareil.

736. — Définition de l'état hygrométrique. Rosée.

737. — Description et usages du condensateur électrique et de l'électroscope condensateur.

738. — Pile de Bunsen : sa description ; son emploi pour l'analyse de l'eau ; description de l'expérience.

739. — La loupe. Expliquer ce que c'est qu'une loupe. Expliquer la formation des images dans la loupe et la manière de se servir de cet appareil.

Chimie

740. — Préparation de l'ammoniac à l'état gazeux et en dissolution.

741. — Préparation du gaz ammoniac. Quelles sont les matières premières d'où l'on retire industriellement l'ammoniaque ?

742. — Le chlore.

743. — Préparation de l'acide sulfurique dans les laboratoires et dans l'industrie.

744. — L'acide sulfhydrique ou hydrogène sulfuré.

745. — Préparation du phosphore avec les os.

Botanique

746. — Nutrition des plantes à chlorophylle.

747. — Forme, structure et disposition des diverses parties de la fleur, en prenant une fleur quelconque comme exemple.

(La question ne comporte pas l'étude du pollen ni de l'ovule).

748. — L'androcée, les étamines et le pollen.

749. — La graine, parties essentielles de la graine. Origine de ces parties.

FACULTÉ DE LYON

Arithmétique

750. — Fractions décimales.

751. — Quelle est la fraction qui devient égale à $\frac{2}{3}$ quand on augmente son numérateur seul de 4, et à $\frac{1}{4}$ quand on diminue son dénominateur seul de 1 ?

752. — Extraire la racine carrée de 16641.

Algèbre

753. — Résoudre le système d'équations,

$$\begin{aligned} 4,68\,x + 21,90\,y &= 0,556 \\ 8,38\,x + 70,22\,y &= 1,135. \end{aligned}$$

754. — Résoudre le système d'équations,

$$\begin{aligned} 5,50\,x + 30,25\,y &= 0,619 \\ 10,73\,x + 115,13\,y &= 1,491. \end{aligned}$$

755. — Résoudre le système,

$$\begin{aligned} x + y - z &= 8 \\ y + z - x &= 9 \\ z + x - y &= 10. \end{aligned}$$

756. — Trouver deux nombres sachant que leur somme est 61 et leur produit 510.

757. — Un nombre de 2 chiffres est égal à trois fois la somme de ces chiffres et le carré de cette somme est égal à trois fois le nombre.

Quel est ce nombre ?

758. — Résolution de l'équation du 2e degré ; propriétés des racines.

759. — 1° Résoudre et discuter l'équation du second degré,

$$x^2 + px + q = 0.$$

2° Appliquer au cas particulier de :

$$x^2 + 34\,x - 1200 = 0.$$

3° En résolvant cette dernière équation on rencontrera un radical. Exposer sur cet exemple spécial la théorie de l'extraction de la racine carrée.

760. — Résoudre l'équation :

$$x^2 + 22 = 42 - x.$$

Géométrie

761. — Démontrer le théorème suivant : la somme des angles que l'on fait à l'extérieur d'un polygone convexe en prolongeant ses côtés dans le même sens est égale à quatre angles droits.

762. — A, B, C étant trois points quelconques d'une circonférence, D le milieu de l'arc AB et E le milieu de l'arc AC, la droite DE coupe respectivement en F et en G les cordes AB et AC. Démontrer que AF = AG.

763. — 1° Par un point P, mener une tangente à un cercle de rayon R.

2° Calculer la longueur comprise sur cette tangente, entre le point P et le point de contact, connaissant la distance OP du point P au centre O du cercle de rayon R.

764. — Etant donnés deux cercles de rayons R et r et la distance d des centres, on mène une tangente extérieure commune aux deux cercles. Trouver l'expression de la distance des deux points de contact.

765. — Démontrer que dans un triangle rectangle, un côté de l'angle droit est moyenne proportionnelle entre l'hypoténuse entière et sa projection sur l'hypoténuse.

766. — Dans un triangle rectangle, un côté de l'angle droit a 3 mètres, le segment adjacent à ce côté, déterminé sur l'hypoténuse par la perpendiculaire qui part du sommet de l'angle droit, a 1 m. 80. On demande les deux côtés inconnus.

767. — Démontrer que les médianes d'un triangle se coupent au même point, aux deux tiers à partir du sommet, et calculer la médiane d'un triangle équilatéral dont le côté égale 2 m. 50.

768. — ABC étant un triangle inscrit dans un cercle, on joint le centre O au milieu D de l'arc BC et l'on mène AD. Démontrer que l'angle ADO est la moitié de la différence des angles B et C.

769. — Dans un trapèze isocèle ABCD on donne les deux bases B et b et la hauteur H. Les côtés non parallèles prolongés se coupent en E et les diagonales se rencontrent en F. Trouver en fonction de B, b et H les distances des points E et F à la grande base AB, ainsi que la longueur EF. Examiner ce que deviennent les formules trouvées dans le cas limite $B = b$ et en déduire la position des points E et F, dans ce cas.

770. — Sécantes du cercle. Propriétés des sécantes et théorèmes qui s'y rattachent.

771. — Démontrer que lorsqu'une série de droites issues d'un même point O coupent une circonférence de cercle, le produit des segments tels que OA et OB, OC et OD est constant :

$$DA \times OB = OC \times OD.$$

772. — A bord de deux navires qui s'éloignent l'un de l'autre, et à 3 mètres au-dessus du niveau de l'eau, se trouvent deux observateurs qui se suivent des yeux. Quand les deux navires sont séparés par une distance de 12600 m, les observateurs cessent de s'apercevoir. En conclure une valeur approchée du rayon de la terre $Ap = qB = 3$ mètres.

$qT = Tp = 6300$ mètres.

D centre de la terre.

773. — Construire une moyenne proportionnelle entre deux longueurs données.

774. — On donne une circonférence O et un point extérieur M tel que MA = AO. On demande : 1° de mener par le point M une sécante MCD telle que la corde interceptée CD soit égale au côté du carré inscrit dans la circonférence ; 2° d'évaluer la longueur MD en fonction du rayon R de la circonférence.

775. — Rapport de la circonférence au diamètre. Calcul de π.

776. — Les rayons de deux cercles concentriques sont R = 57 m. et r = 31 m. Dans le cercle R on mène une corde AB tangente au cercle r. Calculer la longueur de cette corde à un millim. près.

777, — On donne deux circonférences concentriques dont

les rayons sont respectivement égaux à 12 m. 36 et 6 m. 24, et l'on demande de déterminer à $\frac{1}{100}$ près la longueur AC, sachant que la droite AC est tangente à la petite circonférence et que le point A est situé à une distance de 27 m. 25 du centre O commun des circonférences.

778. — On donne dans le plan d'un cercle, de rayon égal à 3 mètres, un point A éloigné de 5 mètres du centre de ce cercle. On propose de mener du point A une sécante ABC, telle que la corde interceptée, BC, par le cercle ait une longueur de 4 mètres. Construction géométrique de la sécante et détermination numérique des longueurs AB et AC.

779. — Etant donné un carré ABCD de côté AB $= a$, on mène les deux diagonales AC, BD qui se coupent en O, et sur BD, on prend les deux points E. F milieux de DO et OB. On joint EF aux points A et C. 1° Démontrer que AECF est un losange ; 2° Calculer le périmètre et la surface de ce losange en fonction de a ; faire le calcul en supposant $a = 15$ mètres.

780. — L'un des côtés d'un triangle rectangle a une longueur de 7 décim. et est moyenne arithmétique entre l'hypoténuse et le plus petit côté. On demande de calculer ces deux derniers côtés ainsi que la surface du triangle.

781. — On demande de calculer la surface d'un triangle équilatéral sachant que le cercle inscrit (tangent aux trois côtés du triangle) a 1 m. 25 de rayon.

782. — On propose de calculer les longueurs des 3 côtés d'un triangle rectangle, sachant que la surface de ce triangle est de 39 mètres carrés et que les deux côtés de l'angle droit ont pour différence de longueur 28 mètres 70 centimètres.

783. — Quelle est la superficie d'un hexagone régulier dont le côté mesure 1 m. 5 ?

784. — On demande de calculer le côté d'un hexagone régulier dont la surface est équivalente à celle d'un triangle équilatéral de 2 m. 45 de côté.

785. — Etant donné le côté c d'un polygone régulier inscrit dans un cercle de rayon R, calculer le côté c' d'un polygone régulier d'un nombre double de côtés inscrit dans le même cercle.

786. — La surface d'un hexagone régulier est de 32 hect. 5195.

On demande : 1° la surface du cercle circonscrit à cet hexagone, en mètres carrés ; 2° la longueur de cette même circonférence exprimée en mètres.

787. — Démontrer qu'une droite est perpendiculaire à un plan quand elle est perpendiculaire à deux droites qui passent par son pied dans le plan.

788. — Volume d'une pyramide à base polygonale quelconque :

Enoncer et démontrer les différents théorèmes qui conduisent à l'expression de ce volume.

789. — Une pyramide quadrangulaire OABCD a pour base un carré et pour faces latérales des triangles équilatéraux. On demande de chercher l'expression du volume de cette pyramide en fonction de l'arête commune dont on représentera la longueur par a.

Application numérique. — L'arête a étant égale à 1 mètre, calculer la valeur du volume de la pyramide en décimètres cubes.

790. — Démontrer le théorème relatif au volume du tronc de pyramide.

791. — La profondeur d'un puits cylindrique est de 4 m. 70. Son diamètre intérieur est de 1 m. 20, l'épaisseur de sa paroi = 0 m. 40. — Quel est le volume et la surface intérieure de la maçonnerie qui entre dans la construction de ce puits ?

792. — La surface totale d'un cône droit à base circulaire c'est-à-dire la somme de sa surface latérale et de la surface de sa base est égale à 5.147.081 mètres carrés. On sait, en outre, que l'apothème de ce cône est le double du rayon de sa base. On demande de calculer : 1° le rayon de la base : 2° la hauteur du cône ; 3° le volume du cône : Exprimer ce volume en litres.

793. — Calculer le volume d'un tronc de cône dont la hauteur est égale à 4 mètres, la circonférence de la grande base égale à la hauteur et le rayon de la petite base égale à 30 cm.

794. — On considère un triangle équilatéral ABC, tournant autour d'une droite xy passant par le sommet A et parallèle à la base BC du triangle. On demande de calculer le volume engendré, sachant que le côté du triangle équilatéral a une longueur de 1 m. 262.

795. — On donne un triangle isocèle ABC : AB = AC. La base BC = 36 mètres. La hauteur AH = 40 m. 50. On demande de calculer : 1° le côté du carré qui a même surface que le triangle ABC ; 2° la longueur de la circonférence du cercle qui a même surface ; 3° Le volume du cône engendré

par la rotation de ce triangle isocèle autour de sa hauteur AH.

796. — La surface d'une sphère étant 37 hectares, on demande de calculer son rayon en mètres.

797. — On considère un triangle équilatéral ABC et la circonférence O inscrite dans ce triangle. On sait que le rayon OD de cette circonférence est égal au tiers de la hauteur AD du triangle équilatéral. En faisant tourner le triangle autour de la hauteur AD, il engendre un cône et la circonférence engendre une sphère. On demande de calculer en mètres cubes le volume compris entre la surface de la sphère et la surface du cône, sachant que la surface de la sphère est de 19 hectares.

Physique.

798. — Mesure des densités.

799. — Détermination des poids spécifiques : 1° par le procédé du flacon ; 2° par la balance hydrostatique.

800. — Loi de Mariotte.

801. — Une éprouvette fermée par un piston mobile contient une masse d'air dont le volume est 100 centim. cub., sous la pression $0^{m}76$ de mercure. On fait varier la position du piston de telle sorte que l'air occupe un volume de 104 centim. cub. Quelle sera alors la pression ?

802. — Siphon.

803. — Thermomètre. Définition du degré.

804. — Deux barres, l'une de cuivre, l'autre de platine ont une longueur commune égale à 2 mètres à la température de zéro. On les porte simultanément à une certaine température : la différence de leurs longueurs est alors de 1 millim. 36. Quelle est cette température ? Le coefficient de dilatation linéaire du cuivre est 0,0000178 et celui du platine est 0,0000035.

805. — Détermination expérimentale du poids de 1 litre d'air à 0° et à la pression de 760 millimètres.

806. — Définition des chaleurs spécifiques. Principe de la méthode des mélanges.

807. — Un kilogramme d'eau à zéro reçoit, sans perte, la quantité de chaleur équivalente à un travail de 850 kilogrammètres. Quelle sera alors sa température ?

808. — Lois des changements d'état des corps.

809. — Une masse de gaz occupe 6 litres à $-35°$ et sous la pression de 79^{cm} ; que deviendrait son volume à $+40°$ et sous la pression de 72^{cm} ? Coefficient de dilatation $\alpha = 0,00366$. Etablir la formule algébrique permettant de résoudre le problème.

810. — Définition de l'état hygrométrique.

811*. — Quels sont les intervalles musicaux des sons émis :
1° Par un tuyau ouvert de longueur $2l$.
2° Par un tuyau ouvert de longueur l.
3° Par un tuyau bouché de longueur l.

812. — Condensateur électrique.

813. — Description d'un élément de pile Bunsen. — Phénomènes chimiques et électriques produits par cette pile.

814. — Action des courants électriques sur l'aiguille aimantée. Galvanomètre.

815. — Lois de la réflexion. Miroirs plans.

816. — Formation des images dans les miroirs concaves.

817. — Soit un miroir sphérique concave dont le rayon de courbure est égal à 4 mètres. On demande de trouver la distance au miroir du foyer conjugué donné par un point lumineux placé à 12 mètres du miroir.

Chimie.

818. — Analyse et synthèse de l'eau.

819. — Composition de l'eau en volumes et en poids. Sa détermination par l'analyse et par la synthèse.

820. — Oxygène, préparation et propriétés de ce corps.

821. — De l'air.

822*. — Analyse de l'air.

823. — Composés oxygénés de l'azote.

824. — Acide azotique.

825. — Composés de l'azote.

826*. — Chlore. Acide chlorhydrique.

827. — Composés oxygénés du soufre.

828. — Préparation et propriétés de l'acide sulfhydrique.

829. — Hydrogène phosphoré.

830. — Composés oxygénés du carbone.

831. — Quelle quantité de carbone pur faut-il brûler pour produire 12 litres d'acide carbonique mesurés à 0° et 0m760 ?

Densité de l'acide carbonique par rapport à l'air.... 1.529
Poids d'un litre d'air à 0° et 760.................. 1.293

$$C = 12, \quad O = 16$$

832. — Principaux composés du carbone.

Zoologie.

833. — Digestion. Appareil digestif.

834. — Anatomie et physiologie de l'appareil circulatoire chez les mammifères.

835. — Du sang.

836. — Phénomènes mécaniques et chimiques de la respiration chez l'homme. Décrire le poumon, la plèvre et le thorax.

837. — Constitution et fonctionnement de l'oreille.

838. — Description du cerveau de l'homme.

Botanique.

839. — Organisation, structure et fonctions de la racine.

840. — La feuille, structure et fonctions.

841. — Organisation générale et structure de l'ovule végétal. Fécondation.

FACULTÉ DE MONTPELLIER

Algèbre.

842. — Résoudre le système d'équations :

$$x^2 + y^2 = a^2$$
$$x - y = b.$$

Géométrie.

843. — Deux circonférences concentriques ont des rayons donnés. On demande de déterminer une sécante passant par un point pris sur la sécante intérieure telle que la portion de sécante comprise entre les deux circonférences ait une longueur donnée. On calculera la distance de cette corde au centre commun et la longueur totale de la sécante.

844. — Soit le triangle ABC inscrit dans une circonférence ; OA = 15 m., OB = 6 m. On demande les côtés de ce triangle.

845. — Soit O le centre d'un cercle de rayon R et AB le côté d'un carré inscrit dans ce cercle. On prend sur le prolongement de AB un point C tel que OC $= \sqrt{5}$. Calculer les longueurs AC et BC.

846. — Dans un trapèze isocèle on connaît la hauteur, la surface et le périmètre ; on demande de calculer les longueurs des côtés. Discuter le problème.

847. — Un parallélogramme a un angle de 60° ; on connaît sa surface et son périmètre, et on demande de calculer les longueurs des côtés. Condition pour que le problème soit possible.

848. — Déterminer un triangle rectangle inscrit dans une circonférence de rayon donné et dont la surface soit équivalente à celle d'un carré donné. Calculer les côtés de ce triangle. Dans quel cas le probléme est-il possible ?

849. — Dans le trapèze ABCD, le côté AB est perpendiculaire aux côtés AD et BC. On donne les longueurs des côtés du trapèze et l'on demande de calculer la distance au sommet C d'un point M pris entre C et D, sachant que l'aire du triangle MAB est égale à l'aire du trapèze multipliée par le nombre *m*.

850. — Une pyramide régulière a pour faces quatre triangles équilatéraux égaux entre eux. On donne la longueur *a* de l'arête de la pyramide, et l'on demande de calculer la surface totale et le volume de la pyramide.

851. Calculer le rayon d'une sphère, sachant qu'un petit cercle de cette sphère a pour rayon 52 mètres et pour rayon sphérique 65 mètres.

Physique.

852*. — Principe d'Archimède. Sa démonstration.

853. — Principe d'Archimède. Mesure de la densité des solides et des liquides.

854. — Aréomètres à poids constant. Leur théorie, leurs usages.

855. — Machine pneumatique.

856*. — Construction et graduation du thermomètre à mercure.

857. — Un vase en cuivre pesant 5 kilogr. contient 20 litres d'eau à 30°. Quel poids de glace à zéro faudrait-il y jeter pour amener sa température à 10° ?

Chaleur spécifique du cuivre = 0,1.

Chaleur de fusion de la glace = 80 calories.

858. — Vapeurs saturantes et non saturantes. Maximum de tension.

859. — Hygromètre à cheveu. Sa graduation.

860. — Énoncer les principes sur lesquels sont basées les machines à vapeur.

861. — Production du son ; propagation ; vitesse dans l'air et dans l'eau.

862. — Cordes vibrantes. Loi des longueurs. Principaux intervalles musicaux.

863. — Aimants naturels et artificiels. Boussoles ; leur usage.

864*. — Expérience d'Œrsted. Galvanomètre.

865. — Induction par les courants et les aimants. Bobine de Ruhmkorff.

866. — De la réflexion de la lumière. Miroirs plans.

867. — Réfraction de la lumière. Prisme.

868. — Décomposition et recomposition de la lumière blanche.

Chimie.

869. — Indiquer la préparation et les principales propriétés de l'oxygène.

870. — Analyse et synthèse de l'eau.

871. — Indiquer quels sont les usages de l'eudiomètre à eau.

872. — Procédés employés pour déterminer la composition de l'air en volume.

873. — Analyse de l'air en volume par l'eudiomètre.

874. — L'air ; sa composition ; son analyse.

875. — Oxydes de l'azote et acide azotique.

876. — Oxydes de l'azote. Acide azotique. Ammoniaque.

877. — Préparation du gaz ammoniac sec.

878. — Préparations et propriétés du gaz ammoniac.

879. — Chlore.

880. — Préparation du chlore gazeux et sec.

881. — Soufre.

882. — Carbone ; acide carbonique ; oxyde de carbone.

883. — Acide carbonique ; préparation et principales propriétés.

884. — Préparation et propriétés physiques de l'oxyde de carbone.

885. — Gaz d'éclairage.

886. — Généralités sur les sels.

Zoologie.

887. — Caractères des mammifères ; les divers ordres de mammifères.

888. — Principaux tissus.

889*. — La digestion.

890. — Phénomènes mécaniques et chimiques de la digestion.

891. — Aperçu des phénomènes chimiques de la digestion.

892. — L'estomac.

893. — Appareil respiratoire.

894. — Le poumon et ses fonctions.

895. — Foie. Glycogénie du foie.

896. — Notions sommaires sur les appareils et fonctions de nutrition dans la vie animale.

897*. — Description de l'organe de la vision.

898. — L'oreille. Théorie de l'audition.

Botanique.

899. — Feuille : structure, croissance, fonctions.

900. — La fonction chlorophyllienne.

901*. — De la nutrition chez les végétaux en général, chez les plantes à chlorophylle et sans chlorophylle. Réserves nutritives.

902. — Structure de la fleur ; lois de la symétrie florale.

903. — La fleur. Sa composition.

904. — Enveloppes florales : Etamine, anthère et pollen.

905. — L'étamine. — Rapport des étamines entre elles et avec les autres parties de la fleur.

906. — Structure des carpelles et des ovules. Fécondation et développement.

907. — Fruit, graine, germination et phénomènes qui l'accompagnent.

FACULTÉ DE NANCY

Arithmétique.

908. — Plus grand commun diviseur entre deux nombres.

909. — Du plus petit commun multiple de plusieurs nombres. — Définition, théorie, règle pour le trouver. Application : Réduire au plus petit dénominateur commun les fractions $\frac{15}{48}$ $\frac{12}{135}$ $\frac{9}{210}$.

910. — Enoncer et démontrer la règle de la division des fractions ordinaires.

911. — Partager 39705 en parties proportionnelles aux nombres 2, 3, 4, 6.

912. — Un morceau de platine pèse, dans l'air, 525 grammes. Plongé dans le mercure, il ne fait plus équilibre qu'à 185 grammes. On demande la densité du platine, sachant que celle du mercure est de 13,6.

913. — Définition d'un rapport, d'une proportion. Démontrer que dans une proportion le produit des termes moyens est égal à celui des extrêmes. Trouver le quatrième terme x d'une proportion dont trois termes sont connus. Définition et calcul d'une moyenne proportionnelle.

914. — Un robinet peut remplir un bassin en 14 heures ; un second robinet remplirait le même bassin en 21 heures. Combien d'heures et de minutes faudra-t-il pour remplir le bassin si les deux robinets coulent ensemble?

915. — Un certain bassin peut être rempli en 60 heures par une fontaine A et en 25 heures par une fontaine B. Combien faudra-t-il d'heures pour le remplir, si A et B coulent en même temps ?

916. — Quel serait le titre d'un alliage obtenu en fondant ensemble 12^k545 d'or au titre de 0,835 et 7^k312 d'or au titre de 0,732 ?

Géométrie.

917. — La droite DE qui joint le milieu de deux côtés d'un triangle est parallèle au troisième et en est la moitié.

918. — Trouver la moyenne proportionnelle entre deux droites données a et b. *Application.* Construire un carré qui soit le $\frac{1}{3}$ d'un carré donné.

919. — Les aires de deux triangles semblables sont entre elles comme les carrés de deux côtés homologues. Les aires de deux polygones semblables sont entre elles comme les carrés des côtés homologues.

920. — Rapport des aires de deux triangles semblables. Enoncé et démonstration.

Application : Dans un triangle équilatéral ABC de côté $AB = a$ on mène DE parallèle à AC telle que $BD = \frac{2}{3}$ de AB. Trouver l'aire du triangle BDE en fonction de a.

921. — Calculer à 1 mètre carré près la surface d'un triangle équilatéral inscrit dans un cercle de 60 mètres de rayon.

922. — On joint le milieu des côtés d'un carré ABCD. Quelle est la figure obtenue EFGH ? Quel est le rapport $\frac{\text{surf. EFGH}}{\text{surf. ABCD}}$? On supposera au besoin $AB = a$.

923. — Construire un rectangle équivalent à un carré dont on connaît le côté et tel que son périmètre soit égal à une ligne donnée. Quelle est la condition à remplir pour que le problème soit possible?

924*. — Étant donné le côté C d'un polygone régulier inscrit dans un cercle de rayon R, calculer le côté C' du polygone régulier d'un nombre double de côtés inscrit dans le même cercle.

925. — Aire de l'hexagone régulier inscrit et de l'hexagone régulier circonscrit à un cercle de rayon R.

926. — Aire d'un polygone régulier inscrit dans un cercle en fonction du périmètre et de l'apothème. En déduire l'aire du cercle. Diverses formules de l'aire du cercle.

927. — Exprimer en hectares la surface d'un cercle ayant 1 kilomètre de diamètre. Le rapport de la circonférence au diamètre, $\pi = \frac{22}{7}$.

928. — Trouver l'aire de la figure formée par quatre demi-cercles dont chacun a pour diamètre un des côtés du carré ABCD, le côté $AB = a$ (trèfle à quatre feuilles).

929. — Définition des plans perpendiculaires.

Théor. — Tout plan P qui contient une droite perpendiculaire à un plan q est lui-même perpendiculaire au plan q.

Théor. — Si d'un point A du plan P perpendiculaire au plan q, on abaisse une droite perpendiculaire au plan q, cette droite est tout entière dans le plan P.

Théor. — Si deux plans sont perpendiculaires à un troisième, leur intersection est perpendiculaire à ce troisième plan.

930. — Démontrer le théorème suivant : Deux pyramides triangulaires ayant des bases équivalentes et des hauteurs égales sont équivalentes en volume.

931. — Volume de la pyramide triangulaire ; énoncé et démonstration. Application au cas du tétraèdre régulier dont l'arête a une longueur donnée a.

932. — Volume du tronc de pyramide (énoncé et démonstration).

933. — La section plane d'une sphère est un cercle. Définition des pôles d'un cercle, d'un grand cercle.

934. — Surface engendrée par une corde AB tournant autour du diamètre COD. Application à la surface engendrée

par un arc tournant autour d'un diamètre extérieur, et à l'aire de la sphère.

935. — On donne une sphère inscrite dans un cylindre de hauteur h, trouver la surface de la sphère et la surface totale du cylindre en fonction de h. Trouver le rapport des deux surfaces.

Application : $h = 0^m20$.

936. — Evaluer en hectares la superficie du globe terrestre supposé parfaitement sphérique. Ecrire en toutes lettres le résultat trouvé. On prendra $\pi = 3,14$.

Physique.

937. — Enoncer et démontrer les lois de la chute des corps dans le vide.

938*. — Lois de la chute des corps ; énoncé et démonstration expérimentale.

939. — Balance, description. — Qu'entend-on par justesse de la balance ? Comment reconnaît-on qu'une balance est juste ? Comment peut-on avec une balance qui n'est pas juste, obtenir le poids exact d'un corps ? Qu'est-ce que la sensibilité de la balance ? Conditions de la sensibilité.

940. — Deux vases cylindriques A et B, communiquant par un tube situé à la base contiennent de l'eau en équilibre. Dans le vase A, on verse sur l'eau 1 kilogramme d'huile. On demande de quelle quantité sera déplacé le niveau de l'eau dans chacun des vases quand l'équilibre sera rétabli. La section de A = 5 décimètres carrés ; la section de B = 2 centimètres carrés ; la densité de l'huile = 0,8.

941. — Enoncer et démontrer le principe d'Archimède.

942. — Aréomètres à poids constant. Graduation et usages.

943. — Calculer à un gramme près la force nécessaire pour maintenir en équilibre une sphère de platine entièrement plongée dans le mercure. Le rayon de la sphère est de 1 décimètre. On prendra pour valeur du rapport de la circonférence au diamètre $\pi = 3,14$. La densité du mercure est de 13,6, celle du platine de 21,8.

944. — Un cylindre de 10 centimètres de hauteur est formé de deux parties, l'une en fer, l'autre en platine, calculées de telle sorte que l'appareil entier affleure dans le mercure. On demande de calculer la hauteur de chacune des parties.

Densité du mercure = 13,6
— du fer = 7,8
— du platine = 21,5

945. — Pression atmosphérique ; baromètre ; sa construction, ses usages.

946. — Loi de Mariotte.

947. — Théorie de la presse hydraulique et du siphon.

948. — Théorie du siphon. Quelle est la hauteur maximum AB du point le plus élevé du siphon au-dessus du niveau du liquide à siphoner : 1° pour l'eau ; 2° pour un liquide deux fois plus dense que l'eau ?

949. — Thermomètre à mercure. Construction. — Définition du degré centigrade.

950. — Définition de l'état hygrométrique. Pluie. Neige.

951. — Bouteille de Leyde. — Batteries.

952. — Pile de Volta, piles de Daniell et de Bunsen. Courant électrique.

953. — Pile de Daniell. Différences avec les piles à un seul liquide. Rôle du second liquide. — Pile de Bunsen. Qualités et inconvénients.

954. — Effets chimiques des courants électriques. Lois qui les régissent. Applications.

955. — Décomposition des oxydes et des sels par la pile électrique. Application à la galvanoplastie.

956. — Expériences fondamentales de l'induction électrique.

957. — Aimantation par les courants : électro-aimants ; leurs applications.

958*. — Phénomènes fondamentaux de l'induction électrique.

959*. — Bobine de Ruhmkorff.

960. — Lois de la réflexion de la lumière. Miroirs plans (formation des images).

961. — Lentilles biconvexes. Formation des images dans les divers cas possibles. Application au microscope.

962. — Un objet lumineux étant placé à 0 m. 75 d'une lentille convergente dont la longueur focale est de 0 m. 25, on demande à quelle distance de la lentille doit être placé un écran pour que l'image qu'il recevra soit nette. Quel sera le rapport de la longueur de l'image à celle de l'objet ?

963. — Loupe. Théorie. Usages.

964*. — Décomposition de la lumière par le prisme. Applications.

965. — Décomposition et recomposition de la lumière solaire.

Chimie

966. — Soufre. Son état dans la nature. Sa préparation. Ses principales combinaisons.

967. — Composés oxygénés du carbone.

Zoologie

968. — Appareil de la digestion chez l'homme.

969. — Le sang. Globules rouges et blancs. Coagulation.

970*. — Décrire l'appareil respiratoire de l'homme et les phénomènes dont il est le siège.

971. — Structure et fonctions du foie chez l'homme.

972. — L'œil humain. La vision et l'accomodation. Anomalies de la vue.

973. — Os ; leur composition ; principaux os des membres.

Botanique

974. — Structure et fonctions de la feuille.

975. — Feuille : structure, croissance et fonctions.

976. — La chlorophylle. Sa nature, sa distribution, sa formation, son rôle physiologique.

977. — Structure et fonctions de l'étamine et du pollen.

978. — Description de l'ovule.

979*. — La graine des végétaux phanérogames angiospermes. Formation, structure, germination.

980*. — Qu'est-ce que la graine ? Quels sont les végétaux qui en sont pourvus et ceux qui en manquent ? Quelles sont les parties constituantes de la graine ? Où et comment la graine se forme-t-elle ?

981. — Germination et phénomènes qui l'accompagnent.

FACULTÉ DE POITIERS

Algèbre

982. — Exposer la méthode de résolution des équations du second degré sur l'équation.

$$6x^2 - 29x + 28 = 0.$$

Géométrie

983. — Calculer les diagonales d'un losange de 5 mètres de côté, sachant que leur différence est de 2 mètres.

984. — Démontrer que la figure formée par les bissectrices intérieures d'un rectangle est un carré. Calculer le côté de ce carré, connaissant les côtés a et b du rectangle.

Application : $a = 26$ m., $b = 6$ m.

985. — Calculer à un centimètre près le rayon d'un cercle sachant qu'une corde égale à ce rayon est à une distance du centre égale à 0 m. 27.

986. — Connaissant la distance OA d'un point extérieur A au centre O d'un cercle et le rayon R de ce cercle, on demande de calculer : 1° la longueur de la tangente au cercle issue du point A ; 2° la longueur de la tangente perpendiculaire à OA (entre O et A) comprise entre les deux tangentes menées du point A.

Exemple numérique :

$$R = 1 \text{ m.}, \ OA = 1 \text{ m. } 50.$$

987. — Démontrer que la bissectrice de l'angle A d'un triangle ABC divise le côté BC en segments proportionnels aux côtés adjacents. En supposant ces segments égaux à 2 m. 8 et 2 m. 4 et la différence des côtés AB et AC égale à 1 mètre, quelle serait la longueur de ces deux côtés ?

988. — Calculer le côté et l'aire d'un triangle équilatéral circonscrit à un cercle de un mètre de rayon.

989. — La base d'un triangle est égale à 5 mètres, sa hauteur à 4 mètres. Quelle même longueur faut-il ajouter à la base et à la hauteur pour que la surface augmente de 18 mq.

990. — Les bases d'un trapèze ont respectivement pour longueur 12 mètres et 8 mètres, les côtés non parallèles

prolongés se coupent à une hauteur de 15 mètres au-dessus de la grande base. Calculer l'aire du trapèze.

991. — Un triangle a une base de 9 mètres et une hauteur de 5 mètres. A deux mètres du sommet on mène une parallèle à la base. Quelle est l'aire du trapèze ainsi formé ? Calculer le côté du carré équivalent à ce trapèze.

992. — Sur chacun des côtés d'un rectangle pris comme hypoténuse on construit extérieurement un triangle isocèle. Démontrer que la figure totale ainsi formée est un carré, et calculer sa diagonale, son côté et sa surface connaissant la base a et la hauteur b du rectangle donné.

Application numérique :

$$a = 6\text{ m}.4, \quad b = 3\text{ m}.8.$$

993. — Démontrer que trois côtés non consécutifs d'un hexagone régulier prolongés forment un triangle équilatéral. Quel est le rapport de la surface de ce triangle à celle de l'hexagone ?

994. — La différence des aires de deux secteurs circulaires dont l'angle au centre est de 36°, et dont les rayons diffèrent de 1 m., est 3 mq. Trouver les rayons.

995. — Calculer l'aire latérale d'un cylindre droit à base circulaire dont le rayon est égal à 0 m. 637 et la hauteur à 2 m. On se bornera à prendre deux chiffres décimaux dans le rapport de la circonférence au diamètre.

996. — Un bassin de forme cylindrique a une circonférence de 10 mètres, et l'eau qu'il contient a une profondeur de 0 m. 40. Quel est le volume de cette eau et quelle est, en kilogrammes, la pression qu'elle exerce sur le fond du du bassin ?

997. — Un cône droit a pour base un cercle de 1 mètre de rayon et une hauteur de 2 mètres. On développe sur un plan la surface latérale de ce cône, et on demande quel est l'angle au centre du secteur ainsi obtenu.

998. — Déterminer le volume d'un tronc de cône dont les rayons des bases sont 2 mètres, 1 mètre et la hauteur 1 m. 50.

999. — D'après la définition du mètre, quelle est la surface d'un grand cercle de la terre ?

1000. — Calculer le rayon d'une sphère sachant qu'une section plane faite à une distance du centre égale à la moitié du rayon a une superficie de 28 mq. 2744.

Physique

1001. — Loi de Mariotte. — Démonstration expérimentale pour les pressions supérieures et inférieures à la pression atmosphérique.

1002. — Enoncer la loi de Mariotte et donner la démonstration expérimentale dans le cas de pressions inférieures à la pression atmosphérique. Si on suppose que, sous la pression atmosphérique, la colonne d'air dans le tube soit d'abord de 0 m. 60, quelle sera sa longueur lorsque la colonne de mercure soulevée sera le quart, le tiers, la moitié de la colonne barométrique ?

1003. — Chaleur spécifique. Sa détermination par la méthode des mélanges.

1004. — En quoi consiste le phénomène de l'ébullition ? Indiquer les circonstances qui le favorisent et le retardent. Citer des expériences.

1005. — Aimantation par les courants. Principe du télégraphe électrique.

1006. — Expliquer la formation de l'image d'un objet dans un miroir sphérique concave.

1007. — Photographie.

Chimie

1008. — Analyse et synthèse de l'eau.

1009. — Eau. Analyse. Synthèse. Eaux potables.

1010. — Ammoniaque. Préparation. Propriétés. Usages.

1011. — Chlore. Acide chlorhydrique. Propriétés. Préparation. Usages.

1012. — Indiquer le mode de fabrication de l'acide sulfurique dans les chambres de plomb et les réactions essentielles qui s'y produisent.

Zoologie

1013. — Appareil digestif chez l'homme. Phénomènes mécaniques et chimiques de la digestion.

1014. — Squelette de l'homme.

1015. — Description sommaire du système nerveux de l'homme : encéphale, moelle épinière; nerfs moteurs et sensitifs ; système grand sympathique.

Botanique

1016. — Racines et ses réserves.

1017. — Structure de la feuille dans les végétaux dicotylédones.

1018. — Fonction des feuilles. Chlorophylle. Assimilation. Respiration.

FACULTÉ DE RENNES

Arithmétique

1019. — Caractère de divisibilité d'un nombre par 9. Démontrer qu'un nombre présentant ce caractère est divisible par 9.

Algèbre

1020. — Un courrier à cheval parti du point A à l'instant où partent de B dans les deux sens BA, BX, deux autres courriers à pied les rencontre successivement en deux points, M, M' dont la distance est de 6 kilomètres. Quelle est la distance AB, en supposant que le cavalier aille 3 fois plus vite que chaque piéton ?

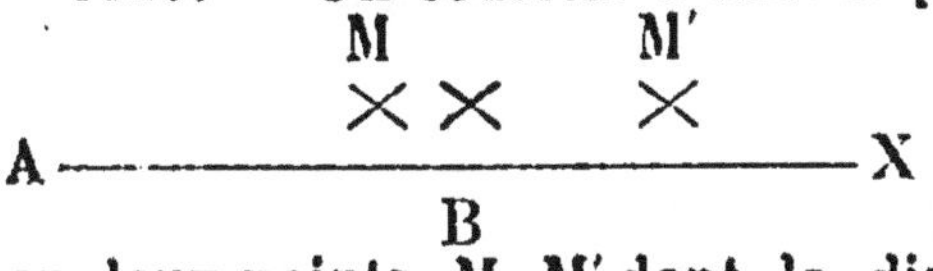

M M'
A ——×—×——×—— X
B

1021. — Résolution de l'équation du 2e degré

$$x^2 + px + q = 0.$$

Expression de la somme et du produit des racines.

1022. — Exposer la méthode de la résolution des équations du second degré sur l'exemple numérique suivant :

$$x^2 - 7x + 12 = 0.$$

1023. — Trouver les nombres de deux chiffres tels que la

somme de ces chiffres soit égale à 9 et la somme des inverses de ces chiffres égale à $1\frac{1}{2}$.

Géométrie

1024. — Dire ce qu'on entend par un cas d'égalité de deux triangles. Démontrer les cas d'égalité spéciaux à deux triangles rectangles.

1025. — Démontrer que deux triangles qui ont leurs trois côtés proportionnels ont leurs angles égaux.

1026. — On désigne par a, b, c les longueurs des côtés d'un triangle, par d la projection du côté c sur le côté b ; on demande de calculer le côté a en fonction de b, c, d.

1027. — La bissectrice de l'angle droit d'un triangle rectangle détermine sur l'hypoténuse deux segments égaux à 3 m. et à 4 mètres. Calculer la longueur des côtés de l'angle droit.

1028*. — Propriétés de la perpendiculaire abaissée du sommet de l'angle droit d'un triangle rectangle sur l'hypoténuse. Enoncé et démonstration.

1029. — Théorème relatif aux sécantes menées d'un point fixe à une circonférence. Enoncé et démonstration.

1030. — Propriétés des sécantes menées d'un point quelconque à une circonférence. Cas de la tangente.

1031. — Trouver une quatrième proportionnelle aux lignes données a, b, c. Construction géométrique. Démonstration.

1032. — Indiquer une construction géométrique permettant de trouver une droite moyenne proportionnelle à deux droites données. Démontrer le théorème sur lequel on s'appuie pour effectuer la construction que l'on aura adoptée.

1033. — Démontrer que le rapport des surfaces de deux triangles et, en général, de deux polygones semblables est le même que le rapport des carrés de deux côtés homologues.

1034. — Un carré à 2 mètres de côté. Sur chacun de ses côtés on construit un triangle équilatéral. Calculer le côté et la surface du nouveau carré que l'on obtient en joignant les 4 sommets extérieurs des triangles équilatéraux.

1035. — Démontrer que deux polygones réguliers d'un même nombre de côtés sont semblables.

Comment conclut-on de là que le rapport de la circonférence au diamètre est un nombre constant ?

1036. — Démontrer qu'une droite est perpendiculaire à un plan, quand elle est perpendiculaire à deux droites passant par son pied dans le plan.

1037. — Enoncer et démontrer les propositions qui servent à passer de la mesure du parallélépipède rectangle à celle du parallélépipède oblique.

1038*. — Démontrer qu'un tronc de pyramide triangulaire à bases parallèles est équivalent à la somme de trois pyramides ayant pour hauteur commune la hauteur du tronc et pour bases respectives les deux bases du tronc et la moyenne proportionnelle entre les 2 bases.

1039. — Le rayon de la petite base d'un tronc de cône droit étant égal à 2 mètres, on demande de calculer le rayon de la grande base, sachant que le volume du tronc de cône est le double du volume d'un cylindre droit de même hauteur et dont le rayon de base est égal à 2 mètres.

1040. — Trouver l'expression de la surface engendrée par le côté BC d'un triangle tournant autour d'un axe situé dans son plan et passant par son sommet A. En déduire l'expression de la surface d'une zone sphérique.

1041. — Trois sphères sont disposées de manière à se toucher deux à deux en trois points A, B, C d'un diamètre commun. On demande d'évaluer le volume de l'espace vide qu'elles laissent entre elles en fonction des rayons $\frac{CA}{2} = a$, $\frac{CB}{2} = b$ des deux sphères intérieures ; montrer qu'il est proportionnel au produit des trois rayons. Le comparer à celui qu'engendrerait, en tournant autour de AB, le triangle rectangle BDA qui a CD pour hauteur ; faire voir qu'il est une fois et demie ce dernier.

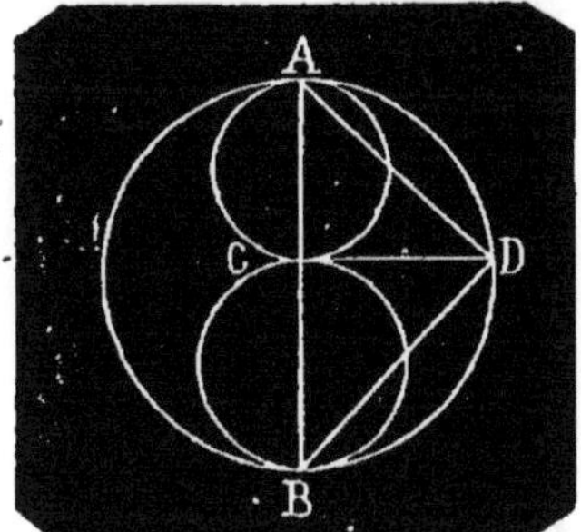

Physique

1042. — Principe d'Archimède. Enoncé et vérification expérimentale.

1043. — Densité des liquides et des solides. Définition. Exposer une méthode de détermination.

1044. — Comment peut-on, par la méthode du flacon, déterminer la densité des corps solides et liquides ?

1045. — Balance hydrostatique. Description. Son emploi dans la vérification du principe d'Archimède.

1046. — Trouver le poids d'un corps dans le vide, sachant qu'à zéro degré il pèse 210 grammes dans l'eau et 359 gr. 805 dans l'air. On admettra qu'un litre d'air à zéro pèse 1 gr. 3.

1047. — Un tube cylindrique contenant un poids P de mercure s'enfonce dans l'eau jusqu'à la moitié de sa longueur. Si l'on ajoute un nouveau poids P' de mercure, il s'enfonce jusqu'aux $\frac{2}{3}$ de sa longueur. Combien pèse-t-il étant vide ?

1048. — On donne un cylindre droit à base circulaire de 0,10 cm. de hauteur et de 0,02 cm. de rayon. Ce cylindre est composé de deux cylindres superposés, l'un en fer de hauteur y, l'autre en platine, de hauteur x. On immerge le cylindre ainsi formé dans une cuve à mercure de façon que la base supérieure affleure au niveau du mercure. On demande quelles doivent être respectivement les hauteurs x, y des deux cylindres superposés de platine et de fer.

Densité du mercure......	14
— du fer...........	8
— du platine.......	22

1049. — Baromètre.

1050. — Loi de Mariotte. Enoncé. Vérification expérimentale.

1051. — Théorie de la pompe foulante et de la pompe aspirante et foulante. Application à la presse hydraulique.

1052. — Théorie du siphon.

1053. — Graduation du thermomètre centigrade. Enoncer les lois dont on fait l'application dans cette opération.

1054. — Décrire et expliquer le phénomène de la rosée ? — Quel est l'effet des nuages, du vent, des abris, sur la production de la rosée ? — Dans quelles circonstances se transforme-t-elle en gelée blanche ? — Comment peut-on soustraire les plantes aux effets désastreux de cette gelée ?

1055. — Exposer les phénomènes principaux de l'électricité par influence. Comment peut-on reconnaître qu'un corps est électrisé et la nature de l'électricité dont il est chargé.

1056. — Décrire l'électroscope à feuilles d'or et indiquer comment on s'en sert pour reconnaître si un corps est électrisé et de quelle espèce d'électricité il est chargé.

1057. — Pile de Daniell. Description : effets physiques, chimiques, physiologiques.

1058. — Donner les expériences qui permettent de reconnaître dans les aimants l'existence de deux pôles agissant différemment.

1059. — Aimantation par les courants. Électro-aimants. Principe du télégraphe électrique.

1060. — Enoncer les lois de la réflexion de la lumière et expliquer la formation des images dans les miroirs plans.

1061. — Lois de la réfraction de la lumière. Vérification expérimentale.

1062. — Miroirs concaves sphériques. Foyer principal. Axes secondaires. Image d'un point lumineux situé en dehors de l'axe principal. Image d'un objet. Images réelles et virtuelles.

1063. — Une droite lumineuse étant placée perpendiculairement à l'axe d'une lentille biconcave, on demande de construire l'image donnée par la lentille et d'étudier les variations de grandeur et de position de cette image quand la droite se déplace le long de l'axe.

Chimie.

1064. — De l'eau. Propriétés physiques et chimiques. Analyse et synthèse.

1065. — Air atmosphérique. — Sa composition. — Ses propriétés.

Zoologie.

1066. — Structure et fonctions de l'estomac.

1067. — Phénomènes de la digestion gastrique et intestinale ; voies par lesquelles s'effectue l'absorption.

1068. — Organes de l'absorption intestinale et leur fonction.

1069. — Une personne prend un repas composé de pain et de lait sucré. On demande d'indiquer d'une façon courte et précise, sans entrer dans aucun développement accessoire et sans décrire les organes, dans quelles parties du tube digestif et à la suite de quelles transformations ces aliments seront digérés.

N. B. — On regardera le pain comme composé d'un élément albuminoïde, d'amidon et de sel marin ; le lait comme formé d'eau, de graisse et d'un albuminoïde.

1070*. — Structure et fonctions de la peau.

1071*. — Du foie. Faire connaître sa position dans le corps de l'homme ; décrire sa forme, sa structure et indiquer son rôle dans l'économie.

1072. — Description sommaire de l'appareil respiratoire chez les animaux vertébrés.

1073. — Description sommaire de l'appareil de la vision. Composition du globe de l'œil.

1074. — De l'oreille. Description et fonction.

Botanique.

1075. — Décrire l'androcée et le gynécée d'une fleur complète. Variations principales.

1076. — Description de l'ovule; sa structure.

FACULTÉ DE TOULOUSE

Arithmétique.

1077. — Définir et donner le moyen de trouver le plus grand commun diviseur de deux nombres sans passer par la décomposition en facteurs premiers.

1078. — Définir et calculer le plus grand commun diviseur et le plus petit commun multiple des nombres 42804 et 21528.

Géométrie.

1079. — Démontrer qu'il est nécessaire et suffisant pour que deux circonférences se coupent, que la distance des centres soit moindre que la somme des rayons et plus grande que leur différence.

1080. — Définition des triangles semblables ; cas de similitude.

1081. — Trouver les deux côtés d'un rectangle dont le périmètre est égal à 24 mètres et la surface à 16 mq.

Construction géométrique. Calcul de la longueur des côtés à $\frac{1}{10}$ près. Pour le calcul numérique, on résoudra directement l'équation du second degré à laquelle conduit le problème, sans appliquer la formule.

1082. — Trouver à 0,01 près la surface d'un triangle équilatéral ayant 2 mètres de côté.

1083. — Enoncer et démontrer la relation qui existe entre les aires de deux triangles semblables et le rapport de deux côtés homologues.

1084. — Démontrer que le rapport d'une circonférence à son diamètre est un nombre constant. Calculer à 0,1 près la valeur de ce rapport en partant de l'hexagone régulier inscrit.

1085. — Calculer l'aire d'un cercle dans lequel une corde de 4 mètres sous-tend un arc de 120 degrés.

1086. — Le diamètre AB d'un demi-cercle a 5 mètres de longueur ; déterminer les longueurs des deux cordes CA, CB joignant un même point C de ce demi-cercle aux extrémités du diamètre AB, sachant que la somme des longueurs CA et CB est égale à 7 mètres.

1087. — Exprimer en décim. cubes le volume d'un prisme droit dont la base est un triangle équilatéral ayant 0,15 de côté, et dont la hauteur est égale à huit fois la hauteur du triangle équilatéral.

1088. — Calculer le volume d'un tronc de pyramide ABC, A'B'C', sachant que : hauteur du tronc = 300 centimètres ; surface de la base ABC = 100.000 millim. carrés ; surface de la base A'B'C' = 40 mètres carrés.

Physique.

1089. — Baromètre ordinaire. Description. Théorie et usages. Qu'arrivera-t-il si on introduit un peu d'eau ?

1090. — Manomètres.

1091. — Pompe aspirante et foulante.

1092. — Siphon. Son fonctionnement.

1093*. — Thermomètre. Définition du degré.

1094. — Calculer les volumes gazeux que donne, à la température de 0° et sous la pression de 0m760, la décomposition de 4 kilogrammes d'eau en ses éléments.

Poids spécifique de l'hydrogène par rapport à l'air. 0 gr. 069
— — de l'oxygène par rapport à l'air.. 1 gr. 105
Poids de 1 litre d'air à 0° et 0,760.............. 1 gr. 293

1095. — Piles de Daniell et de Bunsen.

1096*. — Décomposition et recomposition de la lumière. Spectre solaire. Spectres de diverses sources lumineuses.

Chimie.

1097. — Ammoniaque.

1098. — Préparation de l'ammoniaque. Ses propriétés physiques et chimiques.

1099. — Acide sulfhydrique, formule, préparation, propriétés.

Zoologie.

1100. — La digestion.

1101. — Dentition de l'homme.

1102. — Transformations que subissent les aliments pendant la digestion.

1103. — Foie. Fonction glycogénique.

1104. — L'œil, la vision, l'accommodation. Anomalies de la vision.

1105. — Description et fonction de l'oreille.

Botanique.

1106. — De la graine et de la germination.

TABLE DES MATIÈRES

PREMIÈRE PARTIE

Enoncés des compositions scientifiques données à la Sorbonne de 1882 à 1897.

DEUXIÈME PARTIE

Solutions, plans ou développements des compositions données à la Sorbonne.

TROISIÈME PARTIE

Enoncés des compositions scientifiques données depuis 1888 dans toutes les Facultés des départements.

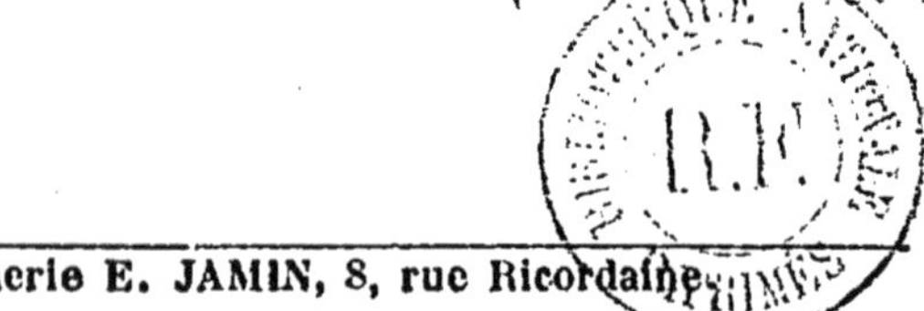

Laval. — Imprimerie E. JAMIN, 8, rue Ricordaine.

www.ingramcontent.com/pod-product-compliance
Ingram Content Group UK Ltd.
Pitfield, Milton Keynes, MK11 3LW, UK
UKHW021055230726
13926UKWH00004B/1870

9 782016 198377